多圖層線描圖 & 照片圖檔 870 張

U0080407

設計應用素材集 校園篇

瑞昇文化

目次

＞ 本書的結構 ＜

收錄在 DVD-ROM（**HAIKEI_GAKKO**）中的檔案路徑如下圖所示，請依照本書所記載的順序開啓以找出您想要使用的檔案。

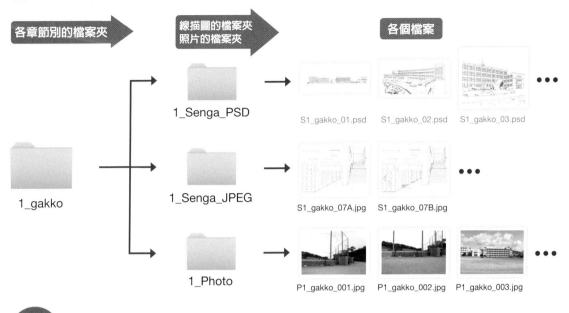

各章節別的檔案夾　→　線描圖的檔案夾／照片的檔案夾　→　各個檔案

1_gakko

1_Senga_PSD　→　S1_gakko_01.psd　S1_gakko_02.psd　S1_gakko_03.psd …

1_Senga_JPEG　→　S1_gakko_07A.jpg　S1_gakko_07B.jpg …

1_Photo　→　P1_gakko_001.jpg　P1_gakko_002.jpg　P1_gakko_003.jpg …

檔案格式

線描圖檔案　…600ppi／灰階 /Adobe Photoshop PSD 格式／JPEG 格式
照片圖檔　…150ppi/RGB/JPEG 格式（※ 本書的照片，其亮度或角度已經過調整）

＞ 建議使用環境 ＜

OS
・Microsoft Windows XP / 2000 以上
・Apple MacOS X（建議 10.3 以上）/ OS9

軟體
・Adobe Photoshop 6.0 以上（建議 CS）
（Photoshop 5.5 以上雖然可以使用，但是層別的表示和本書所舉的例子不同）
・Comic Studio（選擇 檔案→ 讀取）
※ 使用上述外的軟體，可能會發生部分機能無法使用的狀況。

＞ 使用授權等 ＜

關於二次使用：

・ 購入本書的消費者，無論個人或法人團體，皆可以將本書所收錄的線描圖檔案及照片圖檔使用於商業雜誌或同人誌等刊物。此外，將本書的照片複寫或描成『畫』用於商業雜誌或同人誌等刊物也完全沒有問題。
・ 禁止將本書所收錄的線描圖、照片圖檔、書上的照片作為素材以複製、散布、讓渡、轉賣或上傳到網路。

	直接或加工後使用於同人誌、商業雜誌、投稿用作品、插畫作品	作為素材以複製、散布、讓渡、轉賣或上傳到網路。
本書收錄的線描圖檔案	○	✕
本書收錄的照片圖檔	○ 但是，不是印刷為低解析度圖像使用。 請先經過複寫、描寫、加濾、描線等加工後再使用。	✕

線描圖檔案的使用方法「基本篇」

我們來嘗試將本書所收錄的線描圖檔案使用在漫畫的一格裡。在基本篇中，我們試著製作出以教室為背景、有人物角色在其中的場景。

首先，先準備好自己漫畫中的人物角色。接著，選擇你想要作為背景用的線描圖。

◀例如：線描圖檔案號碼

S1_gakko_14.psd　（a）或

S1_gakko_14A.jpg　（b）或

S1_gakko_14B.jpg

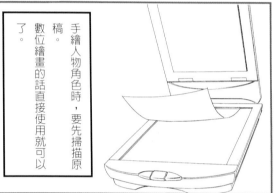

手繪人物角色時，要先掃描原稿。

數位繪畫的話直接使用就可以了。

請將畫像的解析度調整到600ppi以上。（線描圖檔案是以600ppi收錄的）

統整線描圖檔案的圖層資料，將背景設定為一張畫。（圖層不整合也可以使用，但是圖層數量太多的話會變得混亂，因此統整後會比較方便使用。）

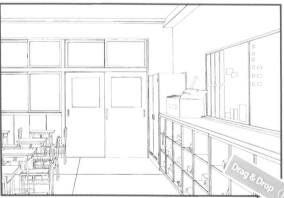

Drag & Drop（拖放）

將線描圖檔案拖拉到原稿檔案上，然後將線描圖和原稿重疊。
將消失點與人物角色的中心線對齊，然後就能使用〈任意變形〉來變更尺寸。

只要將線描圖和人物重疊的部分（藍色部分）消除就完成了。

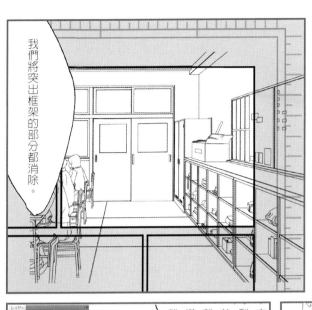

我們將突出框架的部分都消除。

即使是相同的背景，也可以利用圖層的切換來作為另一個背景使用～阿～痛痛痛

你有告訴大家這也可以套用在少女漫畫上嗎？

將天空塗黑成夜空的場景或調整成點陣圖等等 ※發揮創意、客製出屬於你獨創的背景。

本書線描圖檔案最便利的地方就在於利用圖層就能區分所有道具。用這個線描圖，就可以控制門的開關。

這裡就是重點！

喂、你等等！

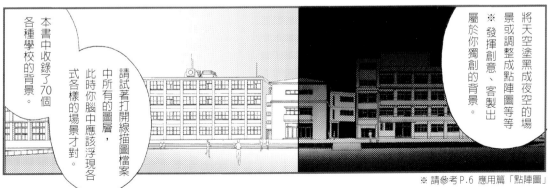

本書中收錄了70個各種學校的背景。

請試著打開線描圖檔案中所有的圖層，此時你腦中應該浮現各式各樣的場景才對。

※ 請參考 P.6 應用篇「點陣圖」

本書所收錄的線描圖圖層，全部都設有連結（link）。
要個別移動圖層時，或要將檔案用於其他畫上，請記得先移除連結後再使用。

線描圖檔案的使用方法「應用篇」

A. 用於手繪原稿

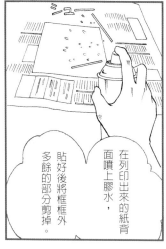

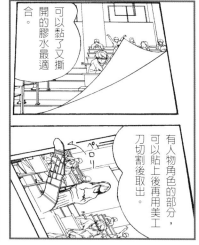

將線描圖檔案 (PSD/JPEG) 用噴射印表機或雷射印表機列印出來。

在列印出來的紙背面噴上膠水，貼好後將框框外多餘的部分剪掉。

可以黏了又撕開的膠水最適合。

有人物角色的部分，可以貼上後再用美工刀切割後取出。

B. 點陣圖（灰階）（使用 Photoshop）

要將背景改為點陣圖時，首先先調整成 10% ～ 40% 的灰階。

接著再從灰階改為點陣圖。
① 選擇 影像→模式→ 點陣圖
② 解析度→輸出→和輸入相同
③ 方法→使用（半色調網屏）
④ 網線數（10 ～ 90）
　　角度（45 度）
　　形狀（圓形）
⑤ OK

處理完畢之後，灰階就會點陣化。

C. 改變線條的粗細（使用 Photoshop）

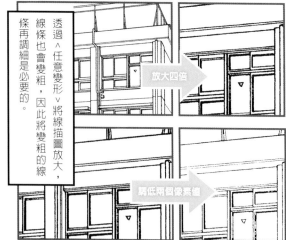

透過 ∧ 任意變形 ∨ 將線描圖放大，線條也會變粗，因此將變粗的線條再調細是必要的。

放大四倍

調低兩個像素值

選擇 < 濾鏡 > 中的 < 其他 >。

選擇亮度的最小值（要將線條調粗時）
選擇亮度的最大值（要將線條調細時）。

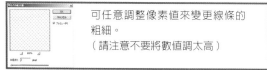

可任意調整像素值來變更線條的粗細。
（請注意不要將數值調太高）

D. 裁切（trimming）（使用 Photoshop）

將線描圖檔案的一部分裁剪下來，就可以改變整個背景的印象。

因為擴大、縮小是有極限的，在不破壞邊線、圖像不變粗糙的範圍下請您自由運用。

E. 把道具取出來，放進自己的畫中（使用 Photoshop）

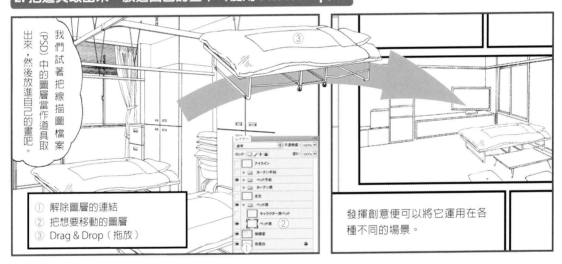

我們試著把線描圖檔案（PSD）中的圖層當作道具取出來，然後放進自己的畫吧。

① 解除圖層的連結
② 把想要移動的圖層
③ Drag & Drop（拖放）

發揮創意便可以將它運用在各種不同的場景。

F. 利用 < 透視 > 來變形（使用 Photoshop）

↓把這裡切下來取出。

把線描圖切下來取出後，利用 ∧ 透視 ∨ 來賦予它角度。

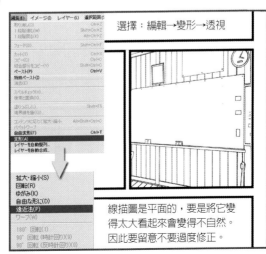

選擇：編輯→變形→透視

線描圖是平面的，要是將它變得太大看起來會變得不自然。因此要留意不要過度修正。

從照片製作線描圖

將照片檔案印出來，把縱向、橫向、對角線的線描圖出來。

草稿

先拉出和照片相同的線，然後描出和照片相似的草稿。在這裡，為了方便作為漫畫的背景使用，所以我們不描縱向的直線，而是採用一點透視法來描繪。

底稿

○以草稿為基礎來描繪底稿。在此階段所描繪的線和正式呈現出來的線條是息息相關的。所以要決定好正式呈現出來的線條以及細節部分來作畫。

○不想破壞原稿時可以利用透寫台，以草稿（複寫紙）→底稿（複寫紙）→描線（原稿用紙）的順序，用不同的紙來描繪。

○描繪細部的立體物。一邊思考窗框的高低、窗戶的開關構造等真實狀況來描繪吧。雖然只是底稿，但為了在描線時能立即清楚判斷，還是要仔細地描繪。

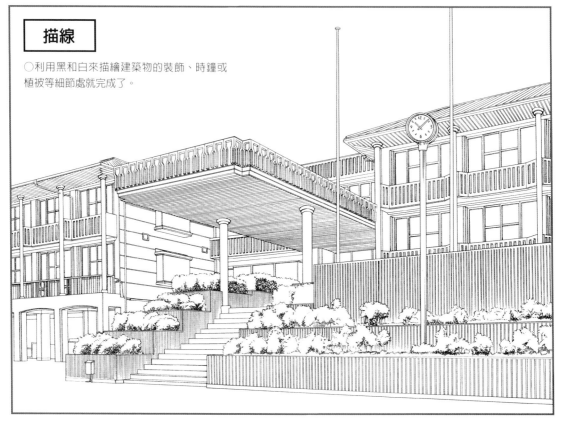

描線

○利用黑和白來描繪建築物的裝飾、時鐘或植被等細節處就完成了。

描摹照片來繪畫

選擇照片來加工。使用 Photoshop 的機能，把照片變成較容易描繪的狀態。

○從 RGB 變更為灰階。

這是為了讓黑白的對比更顯而易見。

○調整明暗對比

在全體線條都看得到的範圍下將整體或特別暗的部分調亮吧。在 < 對比 > 中，將比較黑的線條調整至清楚易見的程度，但注意不要調得太黑。

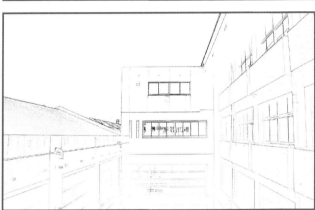

○銳利化

使用濾鏡功能下風格化中的 < 找尋邊緣 >，就能凸顯出輪廓。請重複操作 2、3 回。

○繪出輪廓線

利用濾鏡→風格化→找尋邊緣來製作線圖。利用這個濾鏡可以繪出某程度的輪廓線。

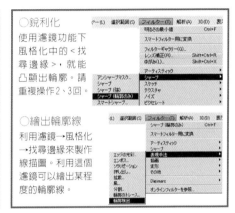

○加深淡色線條

線條還是很淡的部分，可以利用選取中的顏色範圍來作調整。

○塗滿

選擇黑色來描繪，將顏色較淡的線條塗黑（在別的圖層塗）。

重複『將顏色較淡的部分選定顏色範圍，然後塗黑』，等線條變得較容易看見時即完成。

○複寫

用上述方法把想要呈現對比的部分列印出來，放在透寫台上複寫。邊線模糊的部分，就邊看著照片邊描寫出來。

○重點

複寫時，一開始先點出消失點後再開始吧。細節處、不易理解的部分（如果有相同的地方、但不同角度的照片會更好）就一邊參考照片來理解整體的立體感。如果只是單純照著照片畫，而沒有定出焦點的話，沒有辦法成為一幅好畫。

彩色插圖的製作（使用 Photoshop）

選擇線描圖檔案，並將它和電繪的人物角色組合起來。

用人物角色所隱藏的部分，先不要急著刪除、將它移到另一個圖層放置的話，之後要移動人物角色位置時會很方便。

整體都上完基本色後，將圖層分成各個資料夾後進行作業。

圖層經細分管理後，之後要更動修正時會變得比較容易。

以基本色為底，將整張圖塗上明暗色。到此階段為止，還不需要仔細地特別描繪某部分，只要均勻地將全體上色即可。

因為從細項（人物角色等）開始各別描繪的話，最後整體上可能會失去平衡而不協調。

人物角色也是從
基本色→明暗色
來進行上色。

接著進入更細部地描繪。
作業時當然會放大局部來描繪，
但也要不時展開（全體影像）
確認後再繼續進行。

各個道具細節的上色是否有所
差異，也請不時進行確認。

完成

▍一般學校　校舍外觀

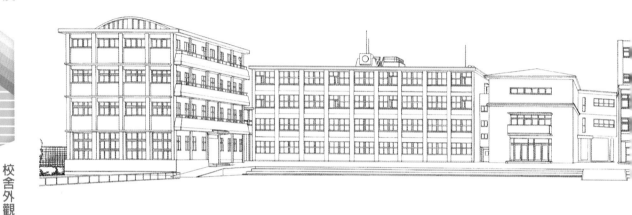

▶ S1_gakko_01.psd　　▶ S1_gakko_01A.jpg

▶ S1_gakko_01B.jpg　　　　　　　▶ 其他圖層的表示範例（線描圖 PSD）

▼ 線描圖 PSD 圖層

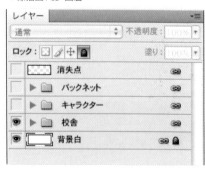

P1_gakko_001.jpg

一般學校　校舍外觀

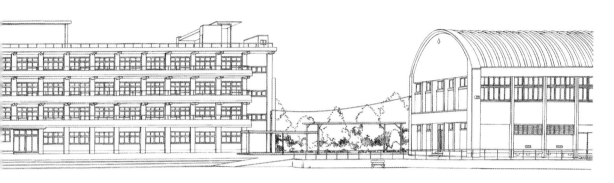

P1_gakko_002.jpg

P1_gakko_003.jpg

P1_gakko_004.jpg

P1_gakko_005.jpg

一般學校　校舍外觀

▶ S1_gakko_02.psd　　　　▶ S1_gakko_02A.jpg

▶ S1_gakko_02B.jpg

▶ 其他圖層的表示範例（線描圖 PSD）

▼線描圖 PSD 圖層

レイヤー	
通常	不透明度 :
ロック： □ ✏ ✛ 🔒	塗り :
▶ 📁 キャラクター	🔗
👁 ▶ 📁 芝生	🔗
👁 ▶ 📁 校舎	🔗
👁 □ 背景白	🔗 🔒

▶ P1_gakko_006.jpg

▶ P1_gakko_007.jpg

‖一般學校　校舍外觀

▸ S1_gakko_03.psd　　　　　▸ S1_gakko_03A.jpg

▸ S1_gakko_03B.jpg

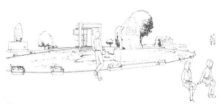

▸ 其他圖層的表示範例（線描圖 PSD）

▼線描圖 PSD 圖層

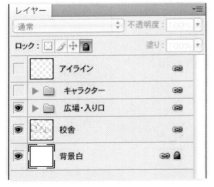

▸ P1_gakko_008.jpg

一般學校

校舍外觀

一般學校　校舍外觀

▶ S1_gakko_04.psd　　　▶ S1_gakko_04A.jpg

一般學校

校舍外觀

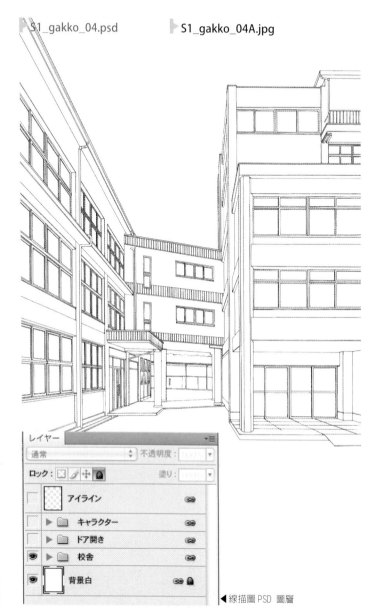

▶ S1_gakko_04B.jpg

▶ 其他圖層的表示範例（線描圖 PSD）

レイヤー

通常　　　　　　　不透明度：

ロック：　　　　　　　塗り：

☐ アイライン

☐ ▶ ☐ キャラクター

☐ ▶ ☐ ドア開き

◉ ▶ ☐ 校舎

◉ ☐ 背景白

◀ 線描圖 PSD 圖層

▶ P1_gakko_009.jpg

▶ P1_gakko_010.jpg

一般學校　校舍外觀

▶ S1_gakko_05.psd　　▶ S1_gakko_05A.jpg

▶ S1_gakko_05B.jpg

▼ 線描圖 PSD 圖層

▶ 其他圖層的表示範例（線描圖 PSD）

▶ P1_gakko_011.jpg

▶ P1_gakko_012.jpg

一般學校　校舍外觀

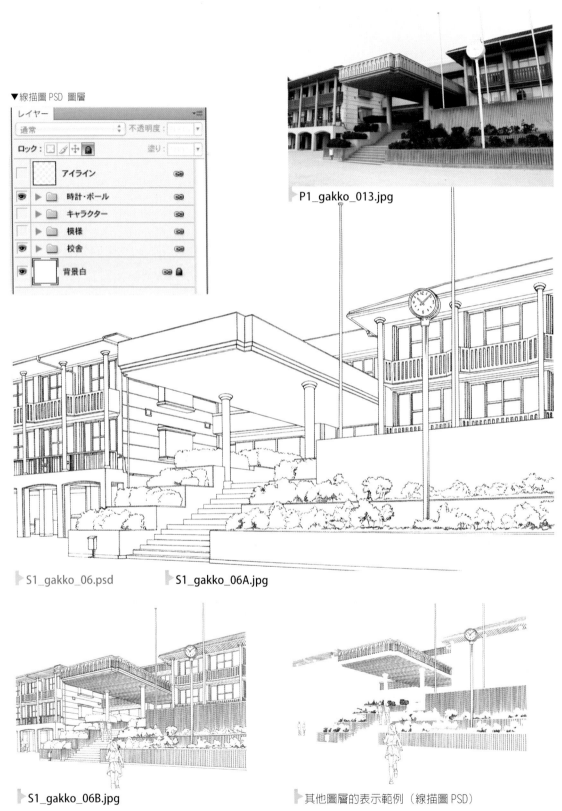

▼線描圖 PSD 圖層

レイヤー

通常　　　　　　　　　　不透明度：

ロック：□ ✎ ✛ 🔒　　　　塗り：

　　　アイライン

　▶ 📁 時計・ポール

　▶ 📁 キャラクター

　▶ 📁 模様

　▶ 📁 校舎

　　　背景白

P1_gakko_013.jpg

▶ S1_gakko_06.psd　　　▶ S1_gakko_06A.jpg

▶ S1_gakko_06B.jpg　　　▶ 其他圖層的表示範例（線描圖 PSD）

一般學校　校舍外觀

P1_gakko_014.jpg

P1_gakko_015.jpg

P1_gakko_016.jpg

P1_gakko_017.jpg

P1_gakko_018.jpg

一般學校

校舍外觀

一般學校　校舍外觀

▶ P1_gakko_019.jpg

▶ P1_gakko_020.jpg

▶ P1_gakko_021.jpg

▶ P1_gakko_022.jpg

▶ P1_gakko_023.jpg

∥一般學校　校舍外觀

P1_gakko_024.jpg

P1_gakko_025.jpg

P1_gakko_026.jpg

P1_gakko_027.jpg

P1_gakko_028.jpg

P1_gakko_029.jpg

一般學校

校舍外觀

一般學校　校舍外觀

▶ P1_gakko_030.jpg

▶ P1_gakko_031.jpg

▶ P1_gakko_032.jpg

▶ P1_gakko_033.jpg

▶ P1_gakko_034.jpg

▶ P1_gakko_035.jpg

▶ P1_gakko_036.jpg

▶ P1_gakko_037.jpg

一般學校　校舍外觀

P1_gakko_038.jpg

P1_gakko_039.jpg

P1_gakko_040.jpg

P1_gakko_041.jpg

P1_gakko_042.jpg

一般學校

校舍外觀

一般學校　校舍外觀

P1_gakko_043.jpg

P1_gakko_044.jpg

P1_gakko_045.jpg

P1_gakko_046.jpg

P1_gakko_048.jpg

P1_gakko_047.jpg

P1_gakko_049.jpg

‖ 一般學校　單車停車場

P1_gakko_050.jpg

P1_gakko_051.jpg

P1_gakko_052.jpg

P1_gakko_053.jpg

P1_gakko_054.jpg

一般學校　鞋櫃

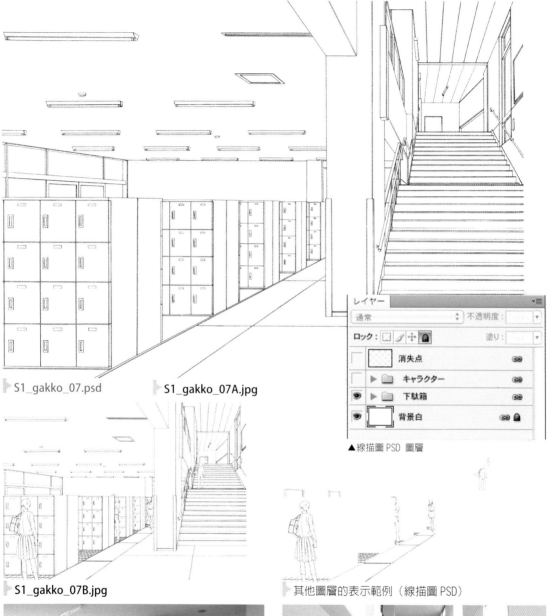

▶ S1_gakko_07.psd　　▶ S1_gakko_07A.jpg

レイヤー
通常 ＊ 不透明度：
ロック：□ ✐ ✛ 🔒 塗り：
□ ▣ 消失点
□ ▶ 📁 キャラクター
👁 ▶ 📁 下駄箱
👁 ▣ 背景白 🔒

▲ 線描圖 PSD 圖層

▶ S1_gakko_07B.jpg

▶ 其他圖層的表示範例（線描圖 PSD）

▶ P1_gakko_055.jpg

▶ P1_gakko_056.jpg

▌一般學校　鞋櫃

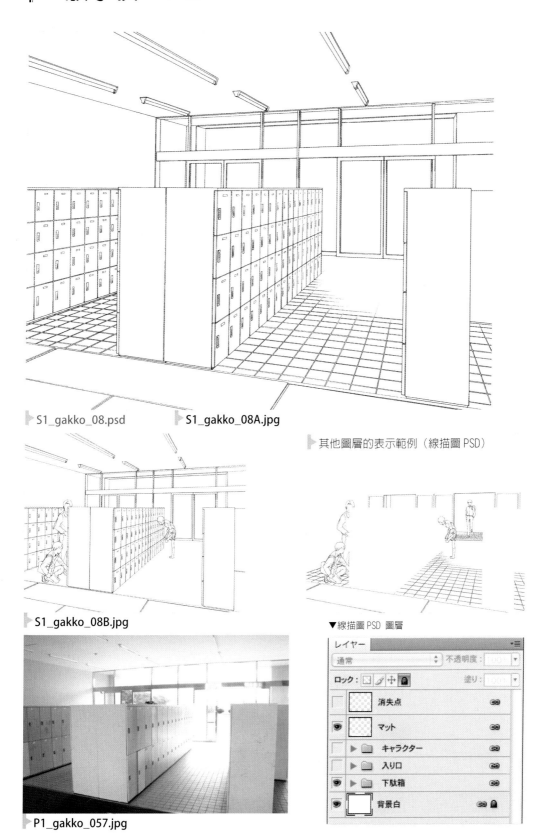

▶ S1_gakko_08.psd　　　▶ S1_gakko_08A.jpg

▶其他圖層的表示範例（線描圖 PSD）

▶ S1_gakko_08B.jpg

▼線描圖 PSD 圖層

レイヤー		
通常	不透明度：	
ロック：	塗り：	
消失点		
👁 　マット		
▶ 📁 キャラクター		
▶ 📁 入り口		
👁 ▶ 📁 下駄箱		
👁 　背景白		

▶ P1_gakko_057.jpg

一般學校 鞋櫃

P1_gakko_058.jpg

P1_gakko_059.jpg

P1_gakko_060.jpg

P1_gakko_061.jpg

P1_gakko_062.jpg

┃一般學校　鞋櫃　（小學）

P1_gakko_063.jpg

P1_gakko_064.jpg

P1_gakko_065.jpg

P1_gakko_066.jpg

P1_gakko_067.jpg

一般學校 鞋櫃（小學）

一般學校

鞋櫃

P1_gakko_068.jpg

P1_gakko_069.jpg

P1_gakko_070.jpg

P1_gakko_071.jpg

P1_gakko_072.jpg

P1_gakko_073.jpg

P1_gakko_074.jpg

P1_gakko_075.jpg

一般學校　教室

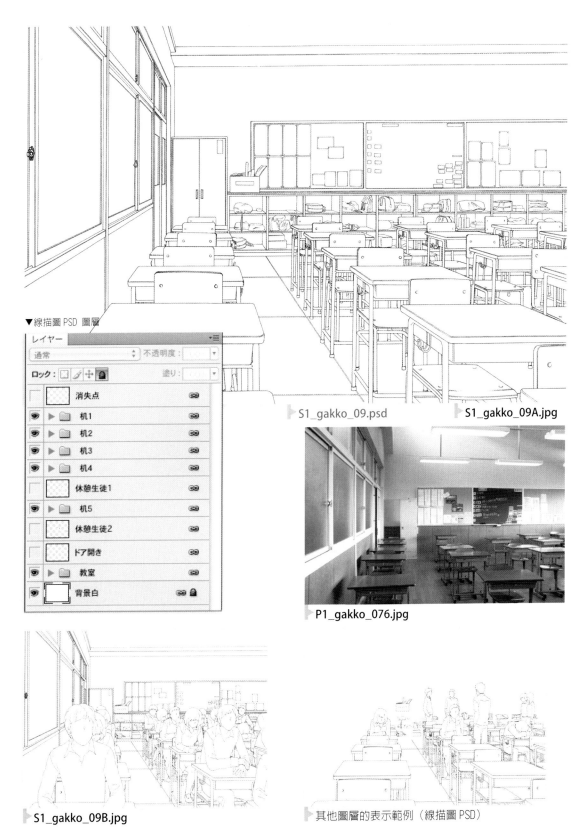

▼線描圖 PSD 圖層

レイヤー

通常　　　　　　　不透明度：

ロック：□ ◢ ✛ 🔒　　　塗り：

- 消失点
- 机1
- 机2
- 机3
- 机4
- 休憩生徒1
- 机5
- 休憩生徒2
- ドア開き
- 教室
- 背景白

▶ S1_gakko_09.psd　　　▶ S1_gakko_09A.jpg

P1_gakko_076.jpg

S1_gakko_09B.jpg

▶其他圖層的表示範例（線描圖 PSD）

一般學校　教室

▶ S1_gakko_10.psd　　▶ S1_gakko_10A.jpg

▶ 其他圖層的表示範例（線描圖 PSD）

▶ S1_gakko_10B.jpg

▶ P1_gakko_077.jpg

▼ 線描圖 PSD 圖層

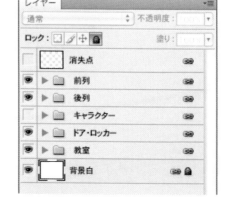

レイヤー

通常 ＋ 不透明度：

ロック： 塗り：

消失点

前列

後列

キャラクター

ドア・ロッカー

教室

背景白

一般學校　教室

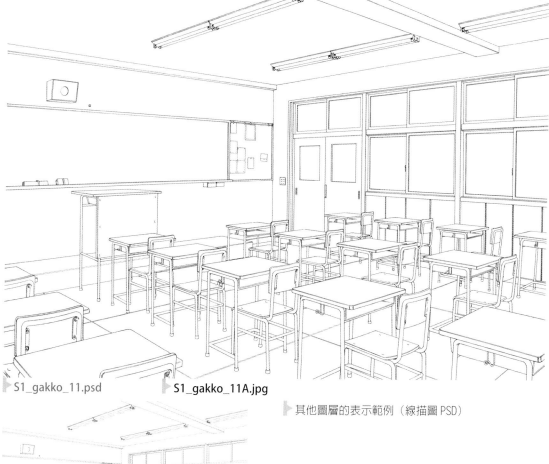

▶ S1_gakko_11.psd　　　▶ S1_gakko_11A.jpg

▶ 其他圖層的表示範例（線描圖 PSD）

▶ S1_gakko_11B.jpg

▼線描圖 PSD 圖層

P1_gakko_078.jpg

レイヤー

通常　　　　　　　不透明度：

ロック：

- アイライン
- 机・椅子・キャラクター
- ドア開き
- 先生
- 教室
- 背景白

33

一般學校　教室

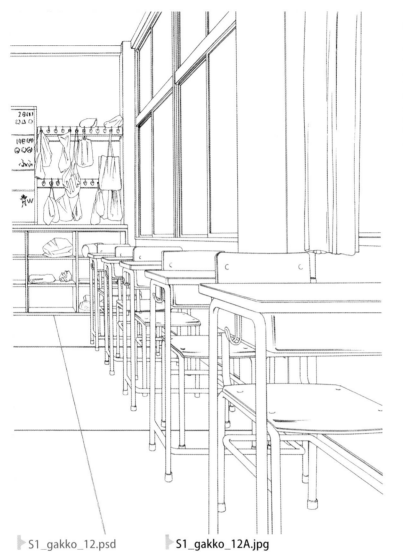

▶ S1_gakko_12.psd　　▶ S1_gakko_12A.jpg

▶ S1_gakko_12B.jpg

▶ 其他圖層的表示範例（線描圖 PSD）

▶ P1_gakko_079.jpg

▼線描圖 PSD 圖層

‖一般學校　教室

▶ S1_gakko_13B.jpg

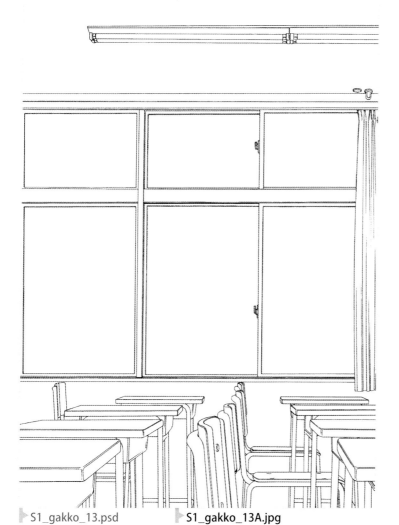
▶ S1_gakko_13.psd　　▶ S1_gakko_13A.jpg

▶ 其他圖層的表示範例（線描圖 PSD）

▶ P1_gakko_080.jpg

▼線描圖 PSD 圖層

一般學校　教室

▶ S1_gakko_14.psd　　▶ S1_gakko_14A.jpg

▶ 其他圖層的表示範例（線描圖 PSD）

▶ S1_gakko_14B.jpg

▶ P1_gakko_081.jpg

▼ 線描圖 PSD 圖層

┃一般學校 教室

▶ S1_gakko_15.psd

▶ S1_gakko_15A.jpg

▶ P1_gakko_082.jpg

▶ P1_gakko_083.jpg

▶ S1_gakko_15B.jpg

▶ 其他圖層的表示範例（線描圖 PSD）

▼線描圖 PSD 圖層

一般學校　教室

P1_gakko_084.jpg

P1_gakko_085.jpg

P1_gakko_086.jpg

P1_gakko_087.jpg

P1_gakko_088.jpg

一般學校　教室

P1_gakko_089.jpg

P1_gakko_090.jpg

P1_gakko_091.jpg

P1_gakko_092.jpg

P1_gakko_093.jpg

P1_gakko_094.jpg

P1_gakko_095.jpg

P1_gakko_096.jpg

P1_gakko_097.jpg

‖一般學校　教室

一般學校

教室

▶ P1_gakko_098.jpg

▶ P1_gakko_099.jpg

▶ P1_gakko_100.jpg

▶ P1_gakko_101.jpg

▶ P1_gakko_102.jpg

一般學校　教室

P1_gakko_103.jpg

P1_gakko_104.jpg

P1_gakko_105.jpg

P1_gakko_106.jpg

P1_gakko_107.jpg

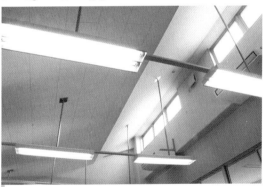

P1_gakko_108.jpg

P1_gakko_109.jpg

P1_gakko_110.jpg

P1_gakko_111.jpg

P1_gakko_112.jpg

一般學校

教室

一般學校　教室

▶ P1_gakko_113.jpg

▶ P1_gakko_114.jpg

▶ P1_gakko_115.jpg

▶ P1_gakko_116.jpg

▶ P1_gakko_117.jpg

一般學校 教室

P1_gakko_118.jpg

P1_gakko_119.jpg

P1_gakko_120.jpg

P1_gakko_121.jpg

P1_gakko_122.jpg

P1_gakko_124.jpg

P1_gakko_123.jpg

一般學校

教室

一般學校　教室

P1_gakko_125.jpg

P1_gakko_126.jpg

P1_gakko_127.jpg

P1_gakko_128.jpg

P1_gakko_129.jpg

P1_gakko_130.jpg

┃一般學校　教室

P1_gakko_131.jpg

P1_gakko_132.jpg

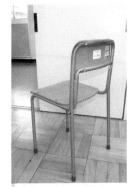

P1_gakko_133.jpg

P1_gakko_134.jpg

P1_gakko_135.jpg

P1_gakko_136.jpg

P1_gakko_137.jpg

P1_gakko_138.jpg

P1_gakko_139.jpg

P1_gakko_140.jpg

一般學校

教室

45

一般學校　走廊

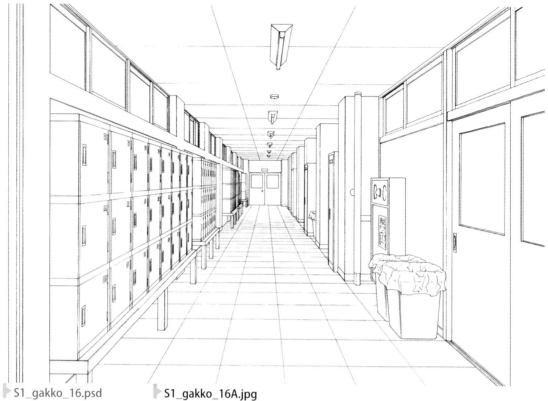

▶ S1_gakko_16.psd　　▶ S1_gakko_16A.jpg

▶ S1_gakko_16B.jpg

▶ 其他圖層的表示範例（線描圖 PSD）

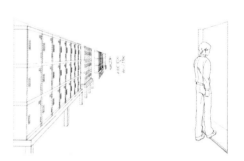

▼ 線描圖 PSD　圖層

▶ P1_gakko_141.jpg

レイヤー		
通常	不透明度：	
ロック：	塗り：	
	消失点	
●	ロッカー	
	▶ キャラクター	
	▶ ドア開き	
●	廊下	
●	背景白	

▌一般學校　走廊

▶ S1_gakko_17B.jpg

▶ S1_gakko_17.psd　　　▶ S1_gakko_17A.jpg

▶ 其他圖層的表示範例（線描圖 PSD）

▶ P1_gakko_142.jpg

▼ 線描圖 PSD 圖層

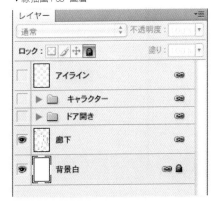

線描圖檔案

一般學校　走廊

一般學校

走廊

▶ S1_gakko_18.psd　　　▶ S1_gakko_18A.jpg

▶ S1_gakko_18B.jpg

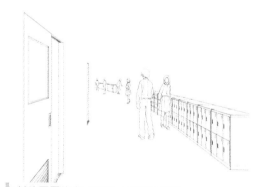

▶ 其他圖層的表示範例（線描圖 PSD）

▼ 線描圖 PSD 圖層

▶ P1_gakko_143.jpg

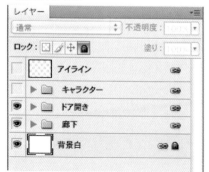

レイヤー		
通常 ⌄	不透明度：	
ロック： ☒ ✎ ✛ 🔒	塗り：	
☐ アイライン		🔗
☐ ▶ 📁 キャラクター		🔗
👁 ▶ 📁 ドア開き		🔗
👁 ▶ 📁 廊下		🔗
👁 背景白		🔗 🔒

一般學校　走廊

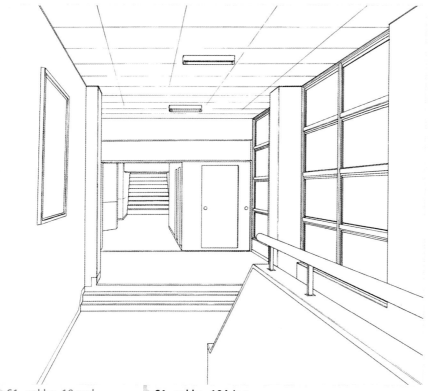

▶ S1_gakko_19.psd

▶ S1_gakko_19A.jpg

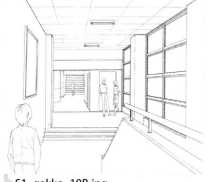

▶ S1_gakko_19B.jpg

▶ 其他圖層的表示範例（線描圖 PSD）

▼ 線描圖 PSD 圖層

レイヤー		
通常		不透明度：
ロック：		塗り：
	消失点	
▶	キャラクター	
👁	廊下	
👁	背景白	

▶ P1_gakko_144.jpg

┃一般學校　　走廊

一般學校

走廊

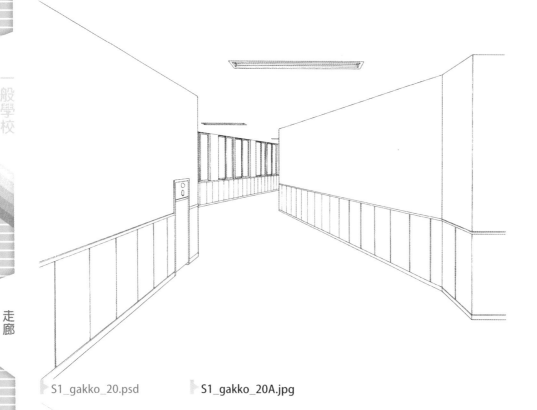

▸ S1_gakko_20.psd　　▸ S1_gakko_20A.jpg

▸ S1_gakko_20B.jpg

▸ 其他圖層的表示範例（線描圖 PSD）

▼ 線描圖 PSD 圖層

▸ P1_gakko_145.jpg

┃ 一般學校　走廊

▶ P1_gakko_146.jpg

▶ P1_gakko_147.jpg

▶ P1_gakko_148.jpg

▶ P1_gakko_149.jpg

▶ P1_gakko_150.jpg

一般學校

走廊

一般學校 走廊

▶ P1_gakko_151.jpg

▶ P1_gakko_152.jpg

▶ P1_gakko_153.jpg

▶ P1_gakko_154.jpg

▶ P1_gakko_155.jpg

一般學校　走廊

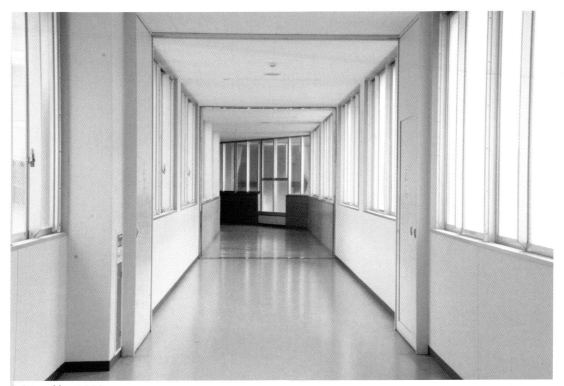

P1_gakko_156.jpg

P1_gakko_157.jpg

P1_gakko_158.jpg

P1_gakko_159.jpg

P1_gakko_160.jpg

一般學校

走廊

一般學校 走廊

一般學校

走廊

P1_gakko_161.jpg

P1_gakko_162.jpg

P1_gakko_163.jpg

P1_gakko_164.jpg

P1_gakko_165.jpg

P1_gakko_166.jpg

P1_gakko_167.jpg

P1_gakko_168.jpg

一般學校　飲水處

P1_gakko_169.jpg

P1_gakko_170.jpg

P1_gakko_171.jpg

P1_gakko_172.jpg

P1_gakko_173.jpg

P1_gakko_174.jpg

P1_gakko_175.jpg

P1_gakko_176.jpg

一般學校　樓梯間

▼線描圖 PSD 圖層

レイヤー

通常　　　　　　　　不透明度：

ロック：　　　　　　　　塗り：

消失点

キャラクター

階段

背景白

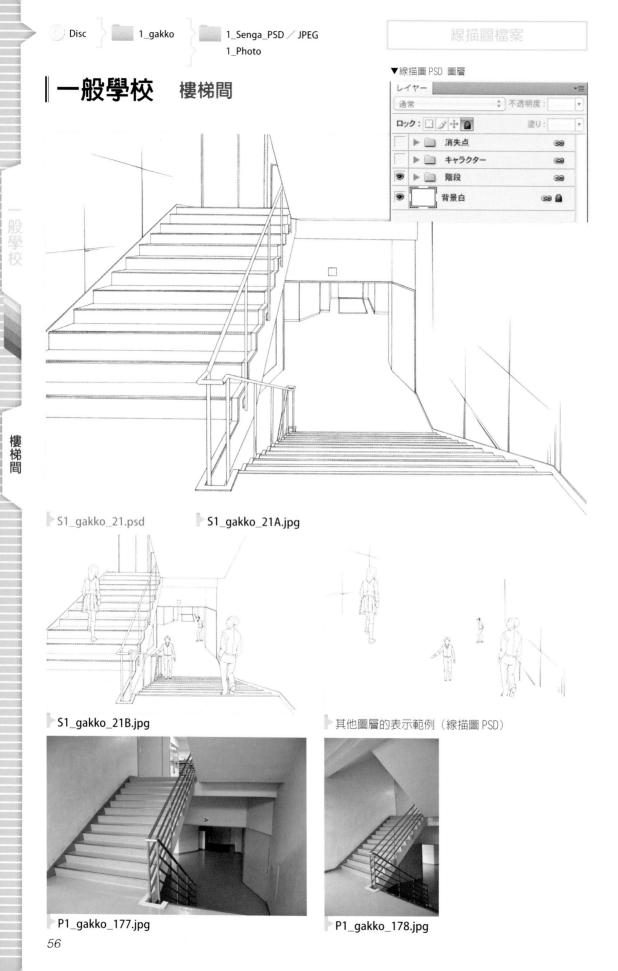

▶ S1_gakko_21.psd　　　▶ S1_gakko_21A.jpg

▶ S1_gakko_21B.jpg　　　▶ 其他圖層的表示範例（線描圖 PSD）

▶ P1_gakko_177.jpg　　　▶ P1_gakko_178.jpg

一般學校　樓梯間

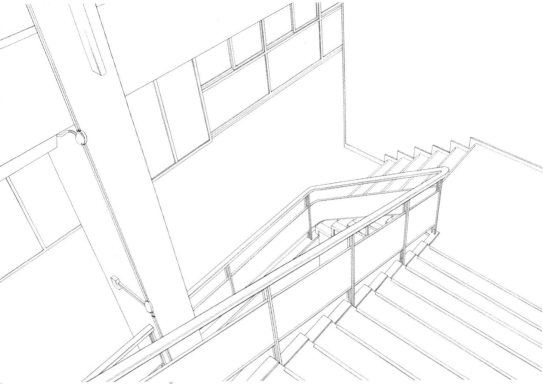

▶ S1_gakko_22.psd　　▶ S1_gakko_22A.jpg

▶ S1_gakko_22B.jpg

▶ 其他圖層的表示範例（線描圖 PSD）

▼線描圖 PSD 圖層

▶ P1_gakko_179.jpg

一般學校　樓梯間

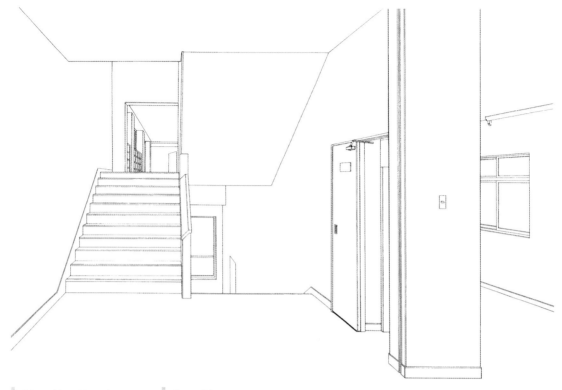

▶S1_gakko_23.psd

▶S1_gakko_23A.jpg

▶S1_gakko_23B.jpg

P1_gakko_180.jpg

▶其他圖層的表示範例（線描圖 PSD）

▼線描圖 PSD 圖層

一般學校　樓梯間

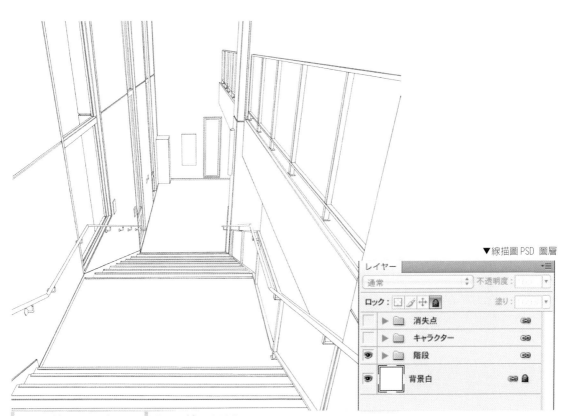

▼線描圖 PSD　圖層

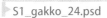

S1_gakko_24.psd　　S1_gakko_24A.jpg

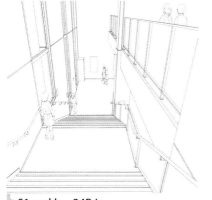

S1_gakko_24B.jpg

其他圖層的表示範例（線描圖 PSD）

P1_gakko_181.jpg

一般學校　樓梯間

▸ S1_gakko_25.psd　　　▸ S1_gakko_25A.jpg

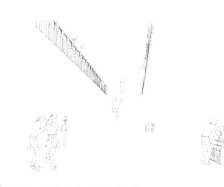

▸ S1_gakko_25B.jpg

▸ 其他圖層的表示範例（線描圖 PSD）

▸ P1_gakko_182.jpg

▼ 線描圖 PSD 圖層

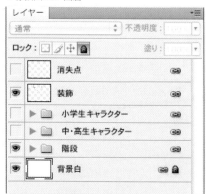

┃一般學校 　樓梯間

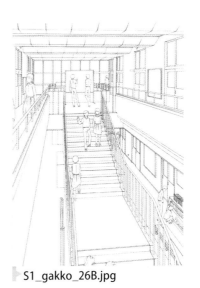

S1_gakko_26B.jpg

S1_gakko_26.psd 　　　S1_gakko_26A.jpg

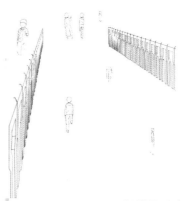

其他圖層的表示範例（線描圖 PSD）

▼線描圖 PSD 圖層

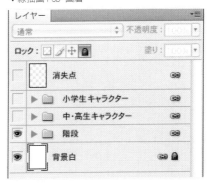

P1_gakko_183.jpg

一般學校　樓梯間

▶ P1_gakko_184.jpg

▶ P1_gakko_185.jpg

▶ P1_gakko_186.jpg

▶ P1_gakko_187.jpg

▶ P1_gakko_188.jpg

一般學校　樓梯間

P1_gakko_189.jpg

P1_gakko_190.jpg

P1_gakko_191.jpg

P1_gakko_192.jpg

P1_gakko_193.jpg

P1_gakko_194.jpg

P1_gakko_195.jpg

P1_gakko_196.jpg

P1_gakko_197.jpg

一般學校

樓梯間

一般學校　樓梯間

P1_gakko_198.jpg

P1_gakko_199.jpg

P1_gakko_200.jpg

P1_gakko_201.jpg

P1_gakko_202.jpg

P1_gakko_203.jpg

P1_gakko_204.jpg

P1_gakko_205.jpg

一般學校　樓梯間

P1_gakko_206.jpg

P1_gakko_207.jpg

P1_gakko_208.jpg

P1_gakko_209.jpg

P1_gakko_210.jpg

P1_gakko_211.jpg

一般學校 樓梯間

▷ P1_gakko_212.jpg

▷ P1_gakko_213.jpg

▷ P1_gakko_214.jpg

▷ P1_gakko_215.jpg

▷ P1_gakko_216.jpg

▷ P1_gakko_217.jpg

▷ P1_gakko_218.jpg

一般學校　廁所

P1_gakko_219.jpg

P1_gakko_220.jpg

P1_gakko_221.jpg

P1_gakko_222.jpg

P1_gakko_223.jpg

P1_gakko_224.jpg

P1_gakko_225.jpg

P1_gakko_226.jpg

P1_gakko_227.jpg

P1_gakko_228.jpg

P1_gakko_229.jpg

一般學校

廁所

一般學校　屋頂

▶ S1_gakko_27.psd　　　▶ S1_gakko_27A.jpg

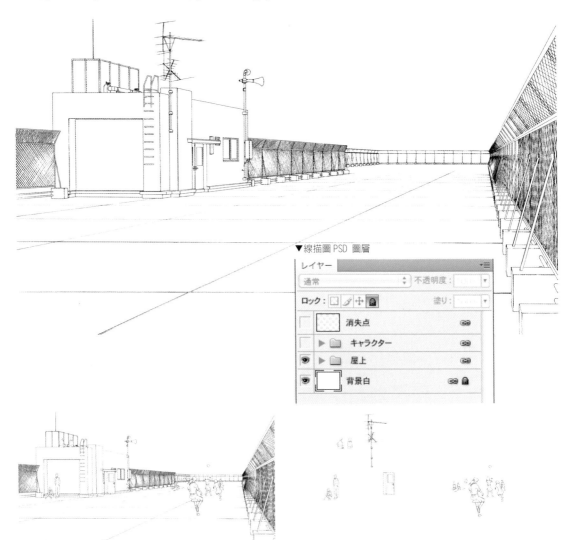

▼ 線描圖 PSD 圖層

▶ S1_gakko_27B.jpg

▶ 其他圖層的表示範例（線描圖 PSD）

▶ P1_gakko_230.jpg

▶ P1_gakko_231.jpg

▌一般學校　屋頂

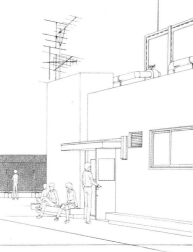

S1_gakko_28B.jpg

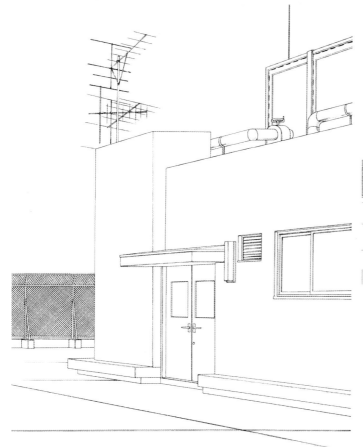

S1_gakko_28.psd　　　S1_gakko_28A.jpg

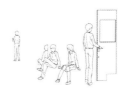

其他圖層的表示範例（線描圖 PSD）

P1_gakko_232.jpg

▼線描圖 PSD 圖層

一般學校　屋頂

P1_gakko_233.jpg

P1_gakko_234.jpg

P1_gakko_235.jpg

P1_gakko_236.jpg

P1_gakko_237.jpg

P1_gakko_238.jpg

‖ 一般學校　屋頂

P1_gakko_239.jpg

P1_gakko_240.jpg

P1_gakko_241.jpg

P1_gakko_242.jpg

P1_gakko_243.jpg

P1_gakko_244.jpg

P1_gakko_245.jpg

P1_gakko_246.jpg

P1_gakko_247.jpg

一般學校

屋頂

線描圖檔案

特別教室　圖書館

特別教室

圖書館

▶ S2_toku_01.psd　　　▶ S2_toku_01A.jpg

▶ S2_toku_01B.jpg

▶ 其他圖層的表示範例（線描圖 PSD）

▼ 線描圖 PSD 圖層

▶ P2_toku_001.jpg

特別教室　圖書館

▶ S2_toku_02.psd　　▶ S2_toku_02A.jpg

▶ S2_toku_02B.jpg

▶ 其他圖層的表示範例（線描圖 PSD）

▶ P2_toku_002.jpg

▼ 線描圖 PSD 圖層

特別教室 圖書館

特別教室

圖書館

P2_toku_003.jpg

P2_toku_004.jpg

P2_toku_005.jpg

P2_toku_006.jpg

P2_toku_007.jpg

P2_toku_009.jpg

P2_toku_008.jpg

特別教室　　圖書館

P2_toku_010.jpg

P2_toku_011.jpg

P2_toku_012.jpg

P2_toku_013.jpg

P2_toku_014.jpg

P2_toku_015.jpg

P2_toku_016.jpg

P2_toku_017.jpg

特別教室　圖書館

特別教室

圖書館

▶ P2_toku_018.jpg

▶ P2_toku_019.jpg

▶ P2_toku_020.jpg

▶ P2_toku_021.jpg

▶ P2_toku_022.jpg

特別教室　保健室

S2_toku_03.psd　　S2_toku_03A.jpg

▶ 其他圖層的表示範例（線描圖 PSD）

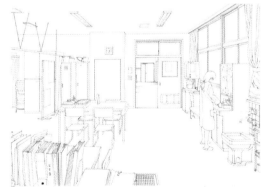
▶ S2_toku_03B.jpg

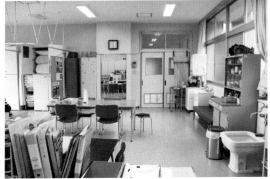
▶ P2_toku_023.jpg

▼線描圖 PSD 圖層

レイヤー		
通常		不透明度：
ロック：		塗り：
消失点		🔗
▶ 📁 キャラクター		🔗
ドア開き		🔗
👁 ▶ 📁 小物		🔗
👁 　 保健室		🔗
👁 　 背景白		🔗 🔒

特別教室　保健室

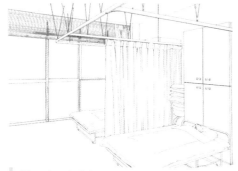

▸ S2_toku_04.psd　　　▸ S2_toku_04A.jpg

▸ 其他圖層的表示範例（線描圖 PSD）

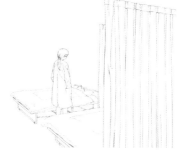

▸ S2_toku_04B.jpg

▼ 線描圖 PSD 圖層

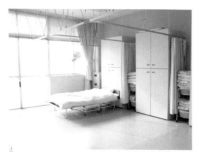

▸ P2_toku_024.jpg

▸ P2_toku_025.jpg

特別教室　保健室

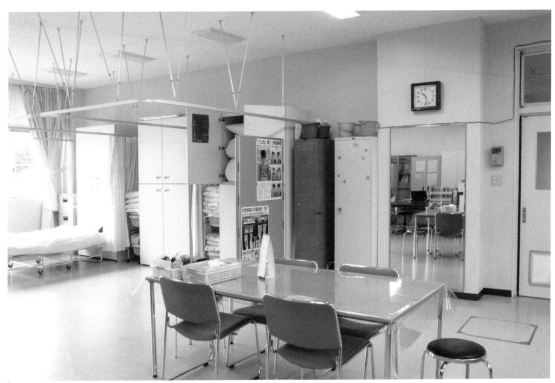

P2_toku_026.jpg

P2_toku_027.jpg

P2_toku_028.jpg

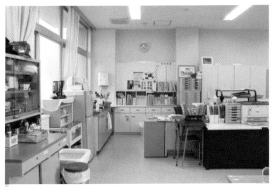

P2_toku_029.jpg

P2_toku_030.jpg

特別教室

保健室

特別教室　保健室

特別教室

保健室

P2_toku_031.jpg

P2_toku_032.jpg

P2_toku_033.jpg

P2_toku_034.jpg

P2_toku_035.jpg

P2_toku_036.jpg

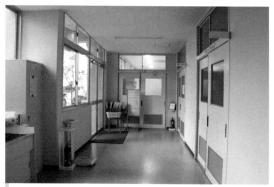

P2_toku_037.jpg

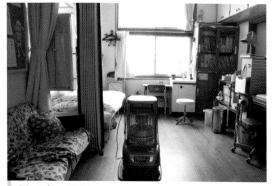

P2_toku_038.jpg

P2_toku_039.jpg

特別教室　保健室

P2_toku_040.jpg

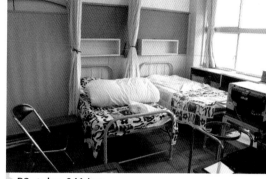

P2_toku_041.jpg

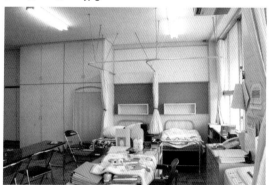

P2_toku_042.jpg

P2_toku_043.jpg

P2_toku_044.jpg

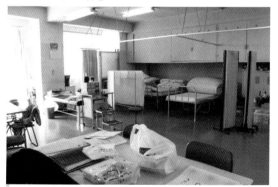

P2_toku_045.jpg

P2_toku_046.jpg

P2_toku_047.jpg

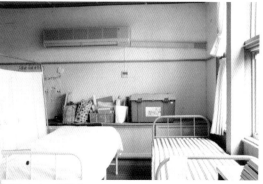

P2_toku_048.jpg

特別教室

保健室

特別教室　烹飪教室

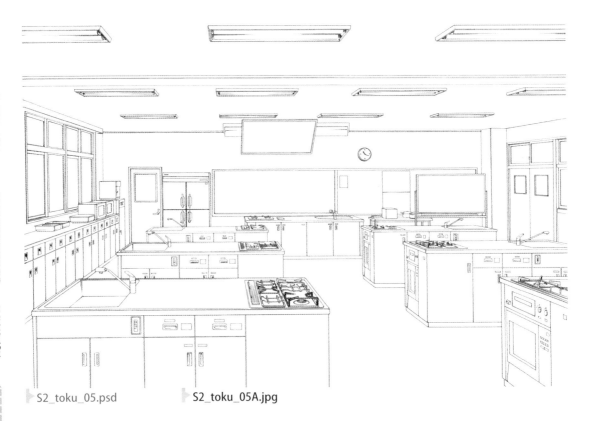

▶ S2_toku_05.psd　　　▶ S2_toku_05A.jpg

▶ S2_toku_05B.jpg

▶ 其他圖層的表示範例（線描圖 PSD）

▼ 線描圖 PSD 圖層

▶ P2_toku_049.jpg

特別教室　烹飪教室

▶ S2_toku_06.psd　　　　▶ S2_toku_06A.jpg

レイヤー

通常　　　　　　　　　不透明度：

ロック：　　　　　　　塗り：

アイライン

▶ キャラクター

ドア開き

調理室

背景白

▲ 線描圖 PSD 圖層

▶ S2_toku_06B.jpg

▶ 其他圖層的表示範例（線描圖 PSD）

P2_toku_050.jpg

P2_toku_051.jpg

特別教室　烹飪教室

特別教室

烹飪教室

P2_toku_052.jpg

P2_toku_053.jpg

P2_toku_054.jpg

P2_toku_055.jpg

P2_toku_056.jpg

P2_toku_057.jpg

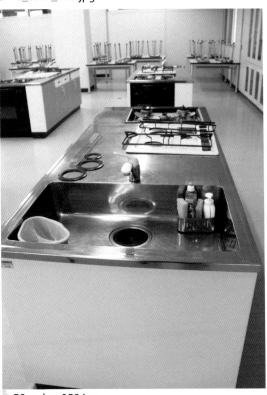

P2_toku_058.jpg

特別教室　烹飪教室

P2_toku_059.jpg

P2_toku_060.jpg

P2_toku_061.jpg

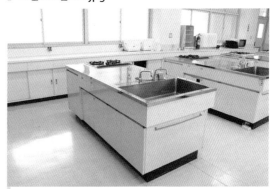
P2_toku_062.jpg

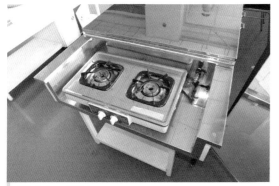
P2_toku_063.jpg

P2_toku_064.jpg

P2_toku_065.jpg

P2_toku_066.jpg

特別教室

烹飪教室

特別教室 電腦教室

特別教室

電腦教室

P2_toku_067.jpg

P2_toku_068.jpg

P2_toku_069.jpg

P2_toku_070.jpg

特別教室　電腦教室

P2_toku_071.jpg

P2_toku_072.jpg

P2_toku_073.jpg

P2_toku_074.jpg

P2_toku_075.jpg

P2_toku_076.jpg

P2_toku_077.jpg

特別教室

電腦教室

特別教室　理科實驗室

P2_toku_078.jpg

P2_toku_079.jpg

P2_toku_080.jpg

P2_toku_081.jpg

P2_toku_082.jpg

P2_toku_083.jpg

P2_toku_084.jpg

P2_toku_085.jpg

▌特別教室　音樂教室

▶ P2_toku_086.jpg

▶ P2_toku_087.jpg

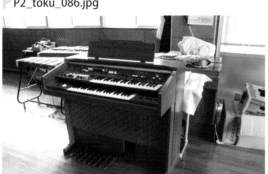
▶ P2_toku_088.jpg

▶ P2_toku_089.jpg

▶ P2_toku_090.jpg

▶ P2_toku_091.jpg

▶ P2_toku_092.jpg

▶ P2_toku_093.jpg

特別教室

音樂教室

特別教室　美術教室＆書法教室

P2_toku_094.jpg

P2_toku_095.jpg

P2_toku_096.jpg

P2_toku_097.jpg

P2_toku_098.jpg

P2_toku_099.jpg

P2_toku_100.jpg

特別教室

美術教室＆書法教室

▍特別教室　廣播室

▶ P2_toku_101.jpg

▶ P2_toku_102.jpg

▶ P2_toku_103.jpg

▶ P2_toku_104.jpg

▶ P2_toku_105.jpg

▶ P2_toku_106.jpg

▶ P2_toku_107.jpg

▶ P2_toku_108.jpg

特別教室

廣播室

特別教室　教職員室

▶ S2_toku_07.psd　　▶ S2_toku_07A.jpg

▶ 其他圖層的表示範例（線描圖 PSD）

▶ S2_toku_07B.jpg

▶ P2_toku_109.jpg

▼ 線描圖 PSD　圖層

レイヤー		
通常		不透明度：
ロック：□ ✎ ✛ 🔒		塗り：
☐ ▦ 消失点		🔗
☐ ▦ 小物		🔗
👁 ▶ 📁 ドア開め		🔗
☐ ▶ 📁 キャラクター		🔗
👁 ▦ 職員室		🔗
👁 ☐ 背景白		🔗 🔒

▍特別教室　教職員室

▶ S2_toku_08B.jpg

▶ S2_toku_08.psd　　▶ S2_toku_08A.jpg

▶ 其他圖層的表示範例（線描圖 PSD）

▼線描圖 PSD 圖層

▶ P2_toku_110.jpg

特別教室　教職員室

特別教室

教職員室

▶ P2_toku_111.jpg

▶ P2_toku_112.jpg

▶ P2_toku_113.jpg

▶ P2_toku_114.jpg

▶ P2_toku_115.jpg

特別教室　教職員室

P2_toku_116.jpg

P2_toku_117.jpg

P2_toku_118.jpg

P2_toku_119.jpg

P2_toku_120.jpg

P2_toku_121.jpg

P2_toku_122.jpg

P2_toku_123.jpg

特別教室

教職員室

特別教室　教職員室

P2_toku_124.jpg

P2_toku_125.jpg

P2_toku_126.jpg

P2_toku_127.jpg

P2_toku_128.jpg

P2_toku_129.jpg

P2_toku_130.jpg

特別教室

教職員室

特別教室　校長室

▶ P2_toku_131.jpg

▶ P2_toku_132.jpg

▶ P2_toku_133.jpg

▶ P2_toku_134.jpg

▶ P2_toku_135.jpg

特別教室　校長室

特別教室

校長室

P2_toku_136.jpg

P2_toku_137.jpg

P2_toku_138.jpg

P2_toku_139.jpg

P2_toku_140.jpg

P2_toku_141.jpg

P2_toku_142.jpg

P2_toku_143.jpg

‖ 運動系列　運動場地

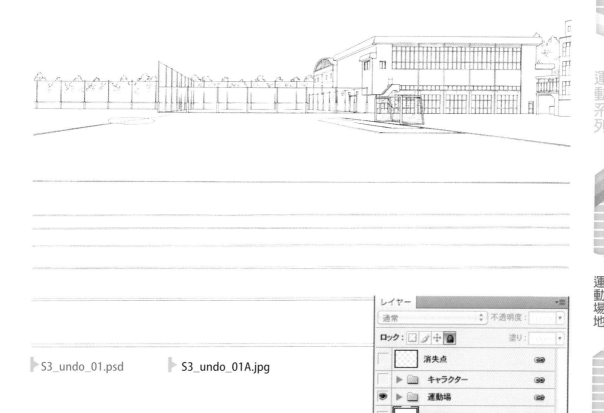

レイヤー			≡
通常	⬍	不透明度：	▾
ロック：□ ◢ ✛ ⬛		塗り：	▾
□	▦	消失点	🔗
□	▶ 📁	キャラクター	🔗
👁	▶ 📁	運動場	🔗
👁	⬜	背景白	🔗 🔒

▲ 線描圖 PSD 圖層

▶ S3_undo_01.psd　　　▶ S3_undo_01A.jpg

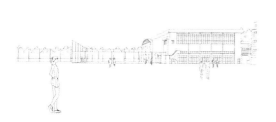

▶ S3_undo_01B.jpg

▶ 其他圖層的表示範例（線描圖 PSD）

▶ P3_undo_001.jpg

▶ P3_undo_002.jpg

▶ P3_undo_003.jpg

運動系列　運動場地

運動系列

運動場地

▶ S3_undo_02.psd　　　▶ S3_undo_02A.jpg

▶ S3_undo_02B.jpg

▶ P3_undo_004.jpg

▶ 其他圖層的表示範例（線描圖PSD）

▼ 線描圖PSD 圖層

運動系列　運動場地

▶P3_undo_005.jpg

▶P3_undo_006.jpg

▶P3_undo_007.jpg

▶P3_undo_008.jpg

▶P3_undo_009.jpg

運動系列

運動場地

運動系列　運動場地

▶ P3_undo_010.jpg

▶ P3_undo_011.jpg

▶ P3_undo_012.jpg

▶ P3_undo_013.jpg

▶ P3_undo_014.jpg

▶ P3_undo_015.jpg

▶ P3_undo_016.jpg

▶ P3_undo_017.jpg

運動系列　運動場地

P3_undo_018.jpg

P3_undo_019.jpg

P3_undo_020.jpg

P3_undo_021.jpg

P3_undo_022.jpg

P3_undo_023.jpg

運動系列

運動場地

運動系列　體育館

運動系列

體育館

▶ S3_undo_03.psd　　　　▶ S3_undo_03A.jpg

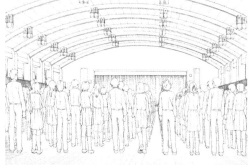

▶ S3_undo_03B.jpg

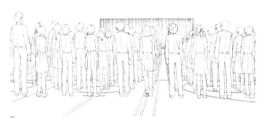

▶ 其他圖層的表示範例（線描圖 PSD）

▶ P3_undo_024.jpg

▼ 線描圖 PSD 圖層

運動系列　體育館

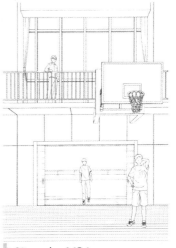

▶ S3_undo_04B.jpg

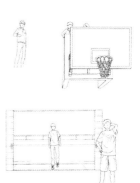

▶ S3_undo_04.psd　　▶ S3_undo_04A.jpg

▶ 其他圖層的表示範例（線描圖 PSD）

▶ P3_undo_025.jpg

▶ P3_undo_026.jpg

▼線描圖 PSD 圖層

レイヤー		
通常	⇕ 不透明度：	
ロック： □ ✔ ✛ 🔒	塗り：	
👁	消失点	
👁 ▶ 📁 バスケットゴール		🔗
▶ 📁 キャラクター		🔗
▶ 📁 ドア開き		🔗
👁 体育館		🔗
👁 背景白		🔗 🔒

運動系列

體育館

105

運動系列 體育館

P3_undo_027.jpg

P3_undo_028.jpg

P3_undo_029.jpg

P3_undo_030.jpg

運動系列　體育館

P3_undo_031.jpg

P3_undo_032.jpg

P3_undo_033.jpg

P3_undo_034.jpg

P3_undo_035.jpg

P3_undo_036.jpg

P3_undo_037.jpg

P3_undo_038.jpg

運動系列

體育館

運動系列　體育館

▶ P3_undo_039.jpg

▶ P3_undo_040.jpg

▶ P3_undo_041.jpg

▶ P3_undo_042.jpg

▶ P3_undo_043.jpg

▶ P3_undo_044.jpg

▶ P3_undo_045.jpg

▶ P3_undo_046.jpg

▶ P3_undo_047.jpg

運動系列　體育館

P3_undo_048.jpg

P3_undo_049.jpg

P3_undo_050.jpg

P3_undo_051.jpg

P3_undo_052.jpg

P3_undo_053.jpg

P3_undo_054.jpg

P3_undo_055.jpg

P3_undo_056.jpg

運動系列　游泳池

▶ S3_undo_05.psd　　　▶ S3_undo_05A.jpg

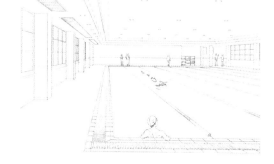 

▶ S3_undo_05B.jpg　　　　　　　　　▶ 其他圖層的表示範例（線描圖 PSD）

▼ 線描圖 PSD 圖層

レイヤー		
通常	不透明度 :	
ロック : □ ✎ ✛ 🔒	塗り :	
☐ 消失点		⊜
👁 ▶ 📁 キャラクター		⊜
👁 ▶ 📁 小物		⊜
👁 ▶ 📁 プール		⊜
👁 背景白		⊜ 🔒

▶ P3_undo_057.jpg

運動系列　游泳池

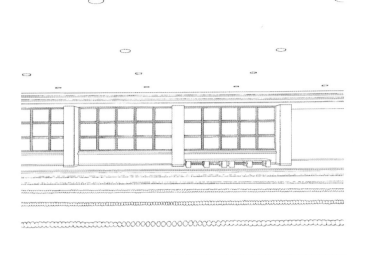

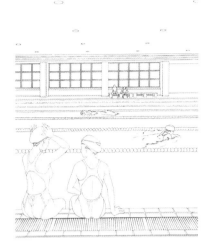

S3_undo_06B.jpg

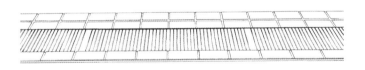

S3_undo_06.psd　　S3_undo_06A.jpg

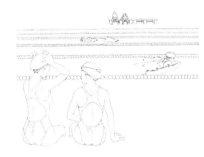

其他圖層的表示範例（線描圖 PSD）

▼線描圖 PSD 圖層

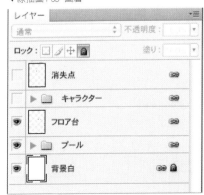

P3_undo_058.jpg

111

運動系列　游泳池

運動系列

游泳池

P3_undo_059.jpg

P3_undo_060.jpg

P3_undo_061.jpg

P3_undo_062.jpg

P3_undo_063.jpg

P3_undo_064.jpg

‖運動系列　游泳池

P3_undo_065.jpg

P3_undo_066.jpg

P3_undo_067.jpg

P3_undo_068.jpg

P3_undo_069.jpg

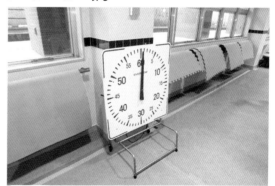

P3_undo_070.jpg

P3_undo_071.jpg

P3_undo_072.jpg

P3_undo_073.jpg

運動系列

游泳池

運動系列　游泳池

運動系列

游泳池

P3_undo_074.jpg

P3_undo_075.jpg

P3_undo_076.jpg

P3_undo_077.jpg

P3_undo_078.jpg

P3_undo_079.jpg

P3_undo_080.jpg

P3_undo_081.jpg

P3_undo_082.jpg

‖運動系列　社團教室

P3_undo_083.jpg

P3_undo_084.jpg

P3_undo_085.jpg

P3_undo_086.jpg

P3_undo_087.jpg

運動系列　社團教室

P3_undo_088.jpg

P3_undo_089.jpg

P3_undo_090.jpg

P3_undo_091.jpg

P3_undo_092.jpg

P3_undo_093.jpg

P3_undo_094.jpg

P3_undo_095.jpg

P3_undo_096.jpg

運動系列　射箭場

P3_undo_097.jpg

P3_undo_098.jpg

P3_undo_099.jpg

P3_undo_100.jpg

P3_undo_101.jpg

P3_undo_102.jpg

P3_undo_103.jpg

P3_undo_104.jpg

P3_undo_105.jpg

運動系列

射箭場

大學 校舍外觀

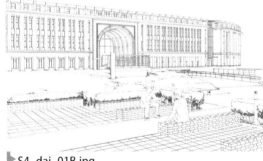

▶S4_dai_01.psd   ▶S4_dai_01A.jpg

▶其他圖層的表示範例（線描圖 PSD）

▶S4_dai_01B.jpg

▼線描圖 PSD 圖層

▶P4_dai_001.jpg

▶P4_dai_002.jpg

▶P4_dai_003.jpg

大學　校舍外觀

▶ S4_dai_02.psd　　　▶ S4_dai_02A.jpg

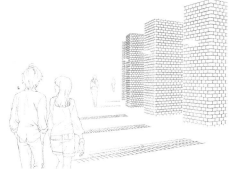

▶ S4_dai_02B.jpg　　　　　　　　　▶ 其他圖層的表示範例（線描圖 PSD）

▼ 線描圖 PSD 圖層

▶ P4_dai_004.jpg

大學　校舍外觀

▶S4_dai_03.psd　　▶S4_dai_03A.jpg

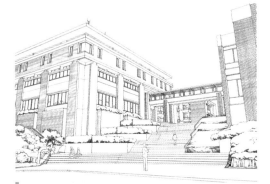

▶S4_dai_03B.jpg

▶其他圖層的表示範例（線描圖 PSD）

▶P4_dai_005.jpg

▼線描圖 PSD 圖層

▎大學　校舍外觀

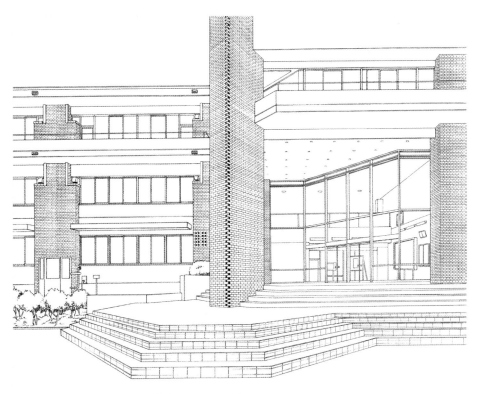

▶ S4_dai_04.psd　　　　▶ S4_dai_04A.jpg

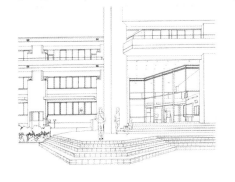

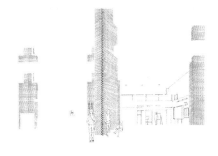

▶ S4_dai_04B.jpg

▶ P4_dai_006.jpg

▶ 其他圖層的表示範例（線描圖 PSD）

▼ 線描圖 PSD 圖層

大學 校舍外觀

大學

校舍外觀

▶ P4_dai_007.jpg

▶ P4_dai_008.jpg

▶ P4_dai_009.jpg

▶ P4_dai_010.jpg

▶ P4_dai_011.jpg

大學 　校舍外觀

▶ P4_dai_012.jpg

▶ P4_dai_013.jpg

▶ P4_dai_014.jpg

▶ P4_dai_015.jpg

▶ P4_dai_016.jpg

▶ P4_dai_017.jpg

▶ P4_dai_018.jpg

▶ P4_dai_019.jpg

大學

校舍外觀

大學　校舍外觀

▶ P4_dai_020.jpg

▶ P4_dai_021.jpg

▶ P4_dai_022.jpg

▶ P4_dai_023.jpg

▶ P4_dai_024 .jpg

大學　校舍外觀

▶P4_dai_025.jpg

▶P4_dai_026.jpg

▶P4_dai_027.jpg

▶P4_dai_028.jpg

▶P4_dai_029.jpg

▶P4_dai_030.jpg

▶P4_dai_031.jpg

▶P4_dai_032.jpg

大學

校舍外觀

大學　教室

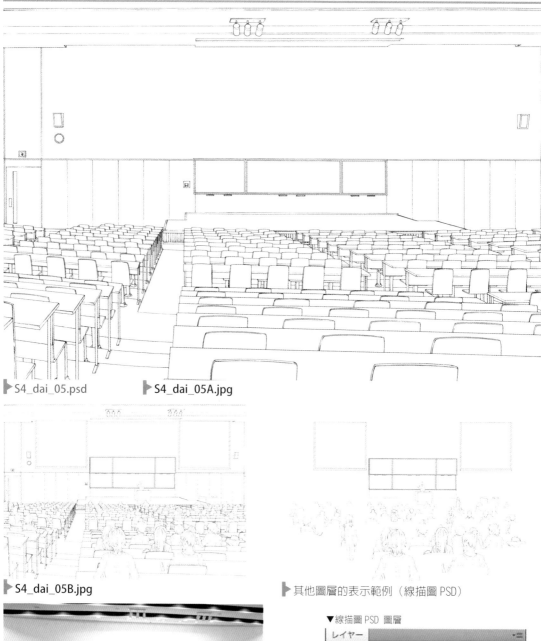

▶ S4_dai_05.psd　　▶ S4_dai_05A.jpg

▶ S4_dai_05B.jpg　　　　　▶ 其他圖層的表示範例（線描圖 PSD）

▼ 線描圖 PSD　圖層

▶ P4_dai_033.jpg

大學

教室

大學　教室

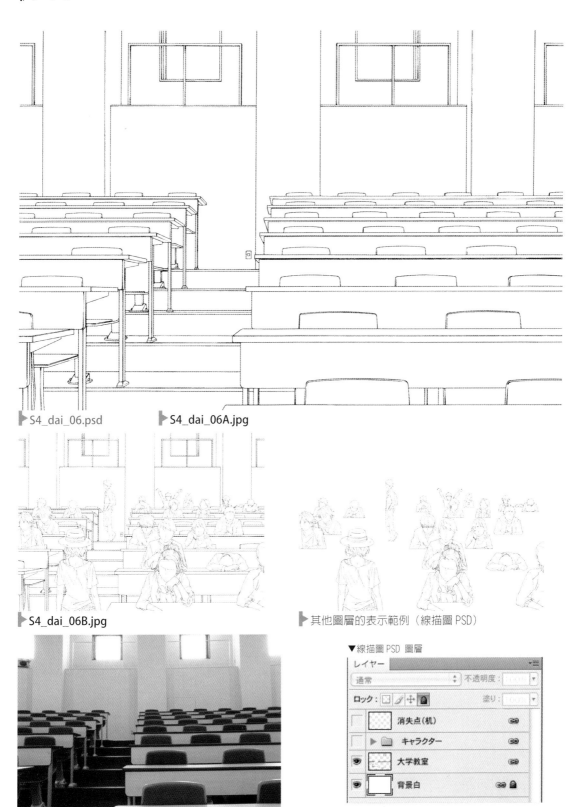

▶ S4_dai_06.psd　　　▶ S4_dai_06A.jpg

▶ S4_dai_06B.jpg

▶ 其他圖層的表示範例（線描圖 PSD）

▶ P4_dai_034.jpg

▼ 線描圖 PSD　圖層

レイヤー		
通常	不透明度 :	
ロック : 🔲 ✏ ✛ 🔒	塗り :	
☐ 消失点(机)	🔗
☐ ▶ 📁 キャラクター	🔗
👁 大学教室	🔗
👁 背景白	🔗 🔒

大學　教室

大學

教室

P4_dai_035.jpg

P4_dai_036.jpg

P4_dai_037.jpg

P4_dai_038.jpg

P4_dai_039.jpg

P4_dai_040.jpg

P4_dai_041.jpg

P4_dai_042.jpg

P4_dai_043.jpg

大學　教室

▶P4_dai_044.jpg

▶P4_dai_045.jpg

▶P4_dai_046.jpg

▶P4_dai_047.jpg

▶P4_dai_048 .jpg

大學　教室

▶ P4_dai_049.jpg

▶ P4_dai_050.jpg

▶ P4_dai_051.jpg

▶ P4_dai_052.jpg

▶ P4_dai_053.jpg

▶ P4_dai_054.jpg

▶ P4_dai_055.jpg

▶ P4_dai_056.jpg

大學

教室

大學　教室

▶ P4_dai_057.jpg

大學

教室

▶ P4_dai_058.jpg

▶ P4_dai_059.jpg

▶ P4_dai_060.jpg

▶ P4_dai_061.jpg

大學 佈告欄

大學

佈告欄

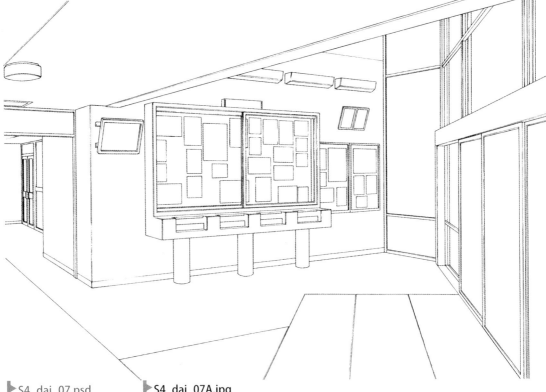

▶S4_dai_07.psd　　▶S4_dai_07A.jpg

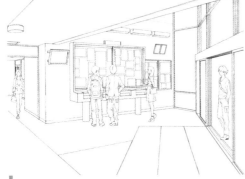

▶S4_dai_07B.jpg

▶其他圖層的表示範例（線描圖 PSD）

▼線描圖 PSD 圖層

▶P4_dai_062.jpg

大學　佈告欄

▶ P4_dai_063.jpg

▶ P4_dai_064.jpg

▶ P4_dai_065.jpg

▶ P4_dai_066.jpg

▶ P4_dai_067.jpg

▶ P4_dai_068.jpg

▶ P4_dai_069.jpg

▶ P4_dai_070.jpg

大學

佈告欄

大學 餐廳&自助餐廳

▶S4_dai_08.psd   ▶S4_dai_08A.jpg

▶S4_dai_08B.jpg

▶其他圖層的表示範例（線描圖 PSD）

▶P4_dai_071.jpg

▼線描圖 PSD 圖層

大學　餐廳&自助餐廳

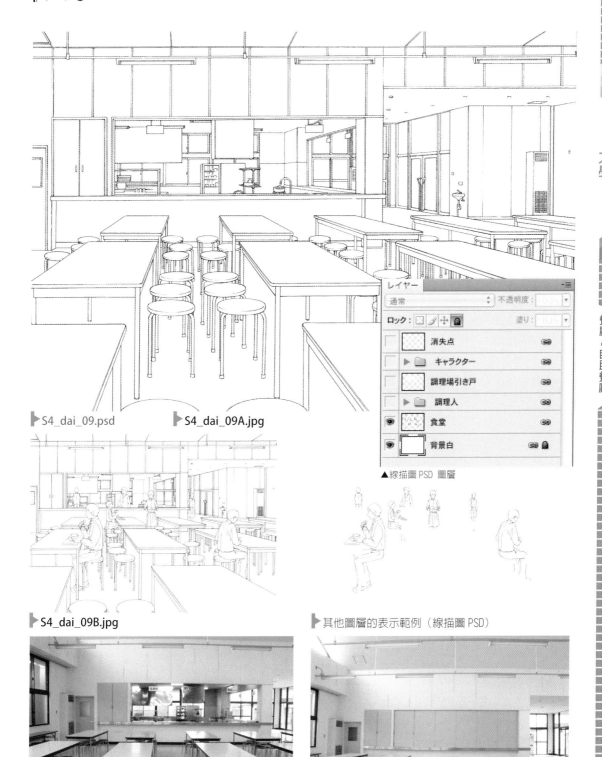

▶S4_dai_09.psd　　▶S4_dai_09A.jpg

▶S4_dai_09B.jpg

レイヤー

通常　　　　　　不透明度：

ロック：　　　　　　塗り：

消失点

▶ ■ キャラクター

調理場引き戸

▶ ■ 調理人

食堂

背景白

▲線描圖 PSD 圖層

▶其他圖層的表示範例（線描圖 PSD）

▶P4_dai_072.jpg

▶P4_dai_073.jpg

大學　餐廳＆自助餐廳

▶ P4_dai_074.jpg

▶ P4_dai_075.jpg

▶ P4_dai_076.jpg

▶ P4_dai_077.jpg

▶ P4_dai_078.jpg

大學　餐廳＆自助餐廳

P4_dai_079.jpg

P4_dai_080.jpg

P4_dai_081.jpg

P4_dai_082.jpg

P4_dai_083.jpg

P4_dai_084.jpg

P4_dai_085.jpg

▌大學　餐廳＆自助餐廳

▶ P4_dai_087.jpg

▶ P4_dai_086.jpg

▶ P4_dai_088.jpg

▶ P4_dai_089.jpg

▶ P4_dai_090.jpg

▶ P4_dai_091.jpg

▶ P4_dai_092.jpg

大學　餐廳&自助餐廳

▶ P4_dai_093.jpg

▶ P4_dai_094.jpg

▶ P4_dai_095.jpg

▶ P4_dai_096.jpg

▶ P4_dai_097.jpg

▶ P4_dai_098.jpg

▶ P4_dai_099.jpg

▶ P4_dai_100.jpg

大學

餐廳&自助餐廳

大學　開放空間

▶S4_dai_10.psd　　　▶S4_dai_10A.jpg

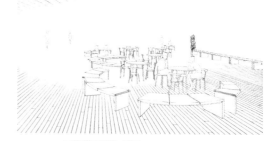

▶S4_dai_10B.jpg

▶其他圖層的表示範例（線描圖 PSD）

▼線描圖 PSD 圖層

▶P4_dai_101.jpg

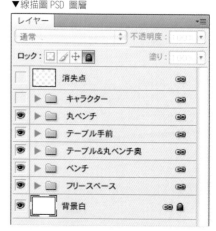

大學　開放空間

▶S4_dai_11.psd　▶S4_dai_11A.jpg

▶S4_dai_11B.jpg

▶其他圖層的表示範例（線描圖 PSD）

▼線描圖 PSD　圖層

レイヤー		
通常	不透明度：100%	
ロック：□ ✎ ✛ 🔒	塗り：100%	
☐　アイライン		🔗
👁　丸ベンチ		🔗
👁　▶▢ テーブル1		🔗
👁　▶▢ テーブル2		🔗
👁　テーブル3		🔗
☐　▶▢ キャラクター		🔗
👁　▶▢ フリースペース		🔗
👁　背景白		🔗 🔒

▶P4_dai_102.jpg

大學　開放空間

P4_dai_103.jpg

P4_dai_104.jpg

P4_dai_105.jpg

P4_dai_106.jpg

P4_dai_107.jpg

P4_dai_109.jpg

P4_dai_108.jpg

大學　開放空間

▶ P4_dai_110.jpg

▶ P4_dai_111.jpg

▶ P4_dai_112.jpg

▶ P4_dai_113.jpg

▶ P4_dai_114.jpg

▶ P4_dai_115.jpg

▶ P4_dai_116.jpg

▶ P4_dai_117.jpg

大學

開放空間

大學　教堂

▶S4_dai_12.psd　　　▶S4_dai_12A.jpg

▶其他圖層的表示範例（線描圖 PSD）

▶S4_dai_12B.jpg

▶P4_dai_118.jpg

▼線描圖 PSD 圖層

大學　教堂

▶ S4_dai_13.psd　　▶ S4_dai_13A.jpg

▶ P4_dai_119.jpg

▶ P4_dai_120.jpg

▼線描圖 PSD 圖層

レイヤー			
通常		不透明度：100%	
ロック： □ ✎ ✛ 🔒		塗り：100%	
□	消失点		🔗
□	▶ 📁 キャラクター		🔗
👁	▶ 📁 礼拝堂		🔗
👁	□ 背景白		🔗 🔒

▶ S4_dai_13B.jpg

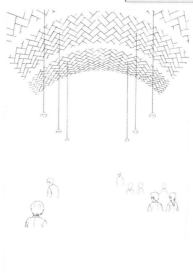

▶ 其他圖層的表示範例（線描圖 PSD）

大學 教堂

▶S4_dai_14.psd ▶S4_dai_14A.jpg

大學

教堂

▶ P4_dai_121.jpg

▶ P4_dai_122.jpg

▼線描圖 PSD 圖層

レイヤー	▼≡
通常 ◆	不透明度：
ロック：	塗り：
▶ 📁 キャラクター	🔗
▶ 📁 ドア開き	🔗
👁 ▨ チャペル入り口	🔗
👁 ⬜ 背景白	🔗🔒

▶ P4_dai_123.jpg

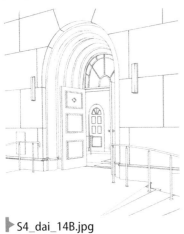

▶S4_dai_14B.jpg

▶其他圖層的表示範例（線描圖 PSD）

大學　教堂

P4_dai_124.jpg

P4_dai_125.jpg

P4_dai_126.jpg

P4_dai_127.jpg

P4_dai_128.jpg

P4_dai_129.jpg

P4_dai_130.jpg

大學

教堂

大學　教堂

▶ P4_dai_131.jpg

▶ P4_dai_132.jpg

▶ P4_dai_133.jpg

▶ P4_dai_134.jpg

▶ P4_dai_135.jpg

▶ P4_dai_136.jpg

小物　之一

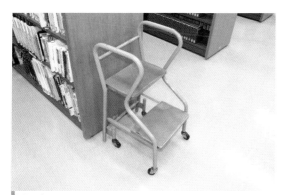

P7_komo_001.jpg

P7_komo_002.jpg

P7_komo_003.jpg

P7_komo_004.jpg

P7_komo_005.jpg

P7_komo_006.jpg

P7_komo_007.jpg

P7_komo_008.jpg

P7_komo_009.jpg

P7_komo_010.jpg

小物

之一

小學 校舍外觀

▶ S5_sho_01.psd ▶ S5_sho_01A.jpg

小學

校舍外觀

▶ S5_sho_01B.jpg

▲ 線描圖 PSD 圖層

▶ 其他圖層的表示範例（線描圖 PSD）

▶ P5_sho_001.jpg

▶ P5_sho_002.jpg

▶ P5_sho_003.jpg

小學　校舍外觀

P5_sho_004.jpg

P5_sho_005.jpg

P5_sho_006.jpg

P5_sho_007.jpg

P5_sho_008.jpg

P5_sho_009.jpg

P5_sho_010.jpg

P5_sho_011.jpg

小學

校舍外觀

小學　教室

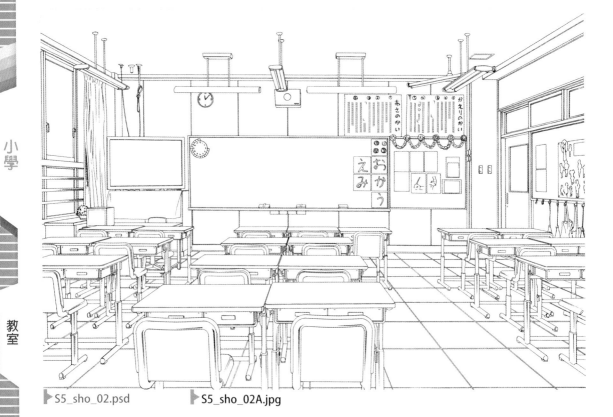

▶S5_sho_02.psd　　▶S5_sho_02A.jpg

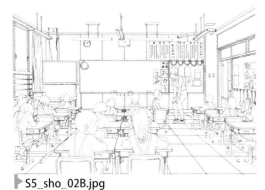

▶S5_sho_02B.jpg

▶其他圖層的表示範例（線描圖 PSD）

▶P5_sho_012.jpg

▼線描圖 PSD 圖層

小學 教室

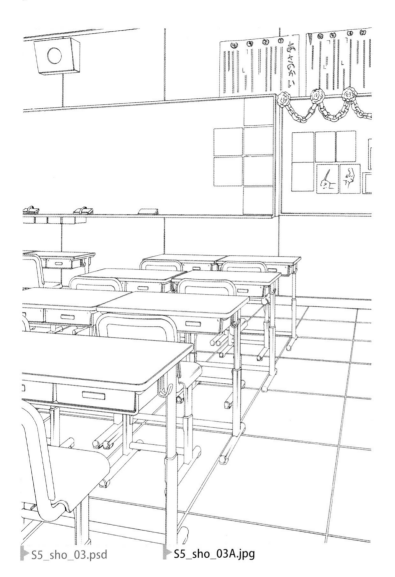

▶S5_sho_03.psd　　　▶S5_sho_03A.jpg

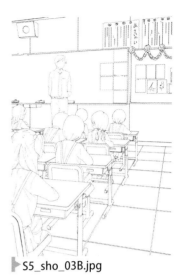

▶S5_sho_03B.jpg

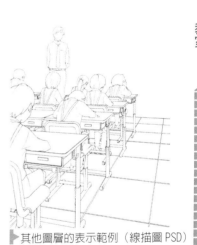

▶其他圖層的表示範例（線描圖 PSD）

▶P5_sho_013.jpg

▼線描圖 PSD 圖層

レイヤー

通常　　　　　　不透明度：

ロック：　　　　　　塗り：

アイライン

高学年用

低学年用

先生

教室

背景白

小學　教室

▶ P5_sho_014.jpg

▶ P5_sho_015.jpg

▶ P5_sho_016.jpg

▶ P5_sho_017.jpg

▶ P5_sho_018.jpg

▍小學 教室

P5_sho_019.jpg

P5_sho_020.jpg

P5_sho_021.jpg

P5_sho_022.jpg

P5_sho_023.jpg

P5_sho_024.jpg

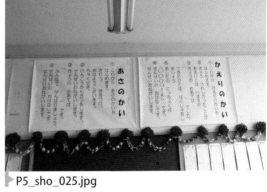

P5_sho_025.jpg

P5_sho_026.jpg

P5_sho_027.jpg

小學　走廊

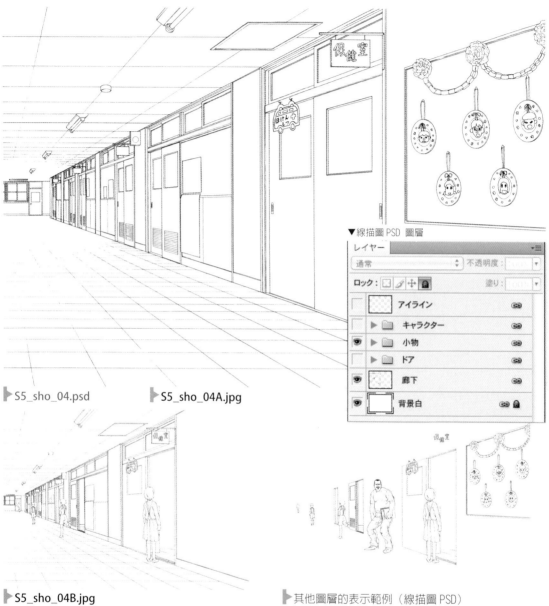

▼線描圖 PSD 圖層

レイヤー		
通常	不透明度：	
ロック：□ ✎ ✛ 🔒	塗り：	
□ 　アイライン		🔗
□ ▶ 📁 キャラクター		🔗
👁 ▶ 📁 小物		🔗
□ ▶ 📁 ドア		🔗
👁 📁 廊下		🔗
👁 □ 背景白		🔗 🔒

▶S5_sho_04.psd　　▶S5_sho_04A.jpg

▶S5_sho_04B.jpg

▶其他圖層的表示範例（線描圖 PSD）

▶P5_sho_028.jpg

▶P5_sho_029.jpg

小學　走廊

▶ P5_sho_030.jpg

▶ P5_sho_031.jpg

▶ P5_sho_032.jpg

▶ P5_sho_033.jpg

▶ P5_sho_034.jpg

▶ P5_sho_035.jpg

▶ P5_sho_036.jpg

▶ P5_sho_037.jpg

小學

走廊

分校　校舍外觀

▶ S6_bunko_01.psd

▶ S6_bunko_01A.jpg

▶ S6_bunko_01B.jpg

▶ 其他圖層的表示範例（線描圖 PSD）

▼ 線描圖 PSD 圖層

レイヤー

通常　　　　　　　　　　　不透明度：

ロック： 塗り：

☐　アイライン

▶ 📁 キャラクター

👁 ▶ 📁 木

👁 ▶ 📁 校舍

👁 背景白

▶ P6_bunko_001.jpg

∥分校　校舍外觀

▶ S6_bunko_02.psd　　　▶ S6_bunko_02A.jpg

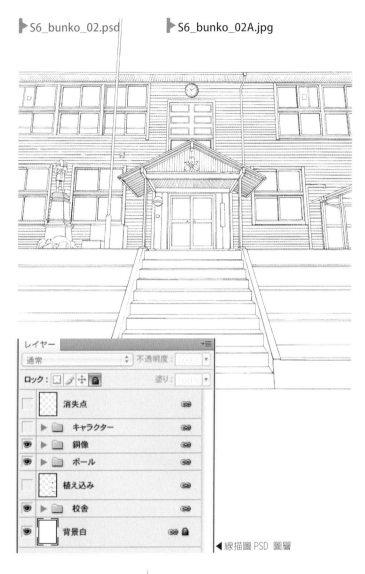

▶ S6_bunko_02B.jpg

◀ 線描圖 PSD 圖層

▶ 其他圖層的表示範例（線描圖 PSD）

▶ P6_bunko_002.jpg

▶ P6_bunko_003.jpg

▶ P6_bunko_004.jpg

分校　校舍外觀

▶ S6_bunko_03.psd　　　▶ S6_bunko_03A.jpg

▶ S6_bunko_03B.jpg

▶ 其他圖層的表示範例（線描圖 PSD）

▶ P6_bunko_005.jpg

▼線描圖 PSD 圖層

分校　校舍外觀

▶ S6_bunko_04.psd　　　▶ S6_bunko_04A.jpg

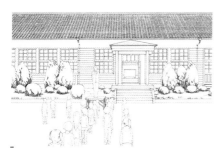

▶ S6_bunko_04B.jpg

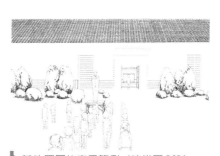

▶ 其他圖層的表示範例（線描圖 PSD）

▼ 線描圖 PSD 圖層

▶ P6_bunko_006.jpg

分校 校舍外觀

分校

校舍外觀

P6_bunko_007.jpg

P6_bunko_008.jpg

P6_bunko_009.jpg

P6_bunko_010.jpg

P6_bunko_011.jpg

P6_bunko_012.jpg

P6_bunko_013.jpg

P6_bunko_014.jpg

∥分校　校舍外觀

P6_bunko_015.jpg

P6_bunko_016.jpg

P6_bunko_017.jpg

P6_bunko_018.jpg

P6_bunko_019.jpg

P6_bunko_020.jpg

P6_bunko_021.jpg

分校

校舍外觀

分校　校舍外觀

分校

校舍外觀

P6_bunko_022.jpg

P6_bunko_023.jpg

P6_bunko_024.jpg

P6_bunko_025.jpg

P6_bunko_026.jpg

P6_bunko_027.jpg

P6_bunko_028.jpg

P6_bunko_029.jpg

分校　校舍外觀

▶ P6_bunko_030.jpg

▶ P6_bunko_031.jpg

▶ P6_bunko_032.jpg

▶ P6_bunko_033.jpg

▶ P6_bunko_034.jpg

分校

校舍外觀

分校　教室

分校

教室

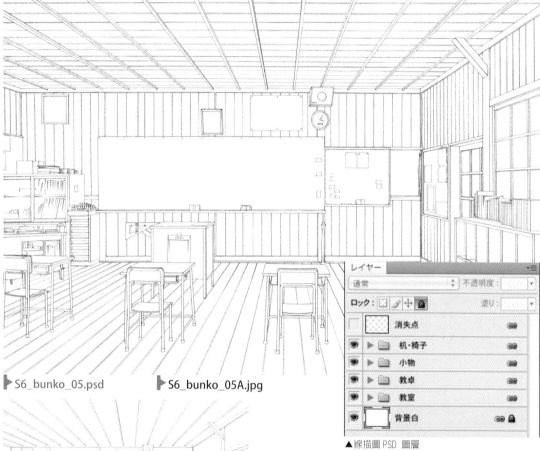

▶S6_bunko_05.psd　　▶S6_bunko_05A.jpg

レイヤー

通常　　　　　　不透明度：

ロック：　　　　　　　　　塗り：

消失点

▶　机・椅子

▶　小物

▶　教卓

▶　教室

背景白

▲線描圖 PSD 圖層

▶S6_bunko_05B.jpg

▶P6_bunko_035.jpg

▶其他圖層的表示範例（線描圖 PSD）

▶P6_bunko_036.jpg

分校　教室

▶S6_bunko_06.psd　　▶S6_bunko_06A.jpg

▶S6_bunko_06B.jpg

▶其他圖層的表示範例（線描圖 PSD）

▼線描圖 PSD 圖層

レイヤー		
通常	不透明度：	
ロック： □ ✐ ✛ 🔒	塗り：	
👁 ▶ ☒ 消失点		🔗
👁 ▶ 🗁 机・椅子1		🔗
👁 ▶ 🗁 机・椅子2		🔗
👁 ▶ 🗁 教室		🔗
👁 ☐ 背景白		🔗 🔒

▶P6_bunko_037.jpg

分校　教室

分校

教室

▶ P6_bunko_038.jpg

▶ P6_bunko_039.jpg

▶ P6_bunko_040.jpg

▶ P6_bunko_041.jpg

▶ P6_bunko_042.jpg

分校　教室

P6_bunko_043.jpg

P6_bunko_044.jpg

P6_bunko_045.jpg

P6_bunko_046.jpg

P6_bunko_047.jpg

分校 教室

分校

教室

P6_bunko_048.jpg

P6_bunko_049.jpg

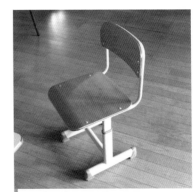
P6_bunko_050.jpg

P6_bunko_051.jpg

P6_bunko_052.jpg

P6_bunko_053.jpg

P6_bunko_054.jpg

P6_bunko_055.jpg

P6_bunko_056.jpg

P6_bunko_057.jpg

分校　教室

分校

教室

P6_bunko_058.jpg

P6_bunko_059.jpg

P6_bunko_060.jpg

P6_bunko_061.jpg

P6_bunko_062.jpg

分校 走廊

分校

走廊

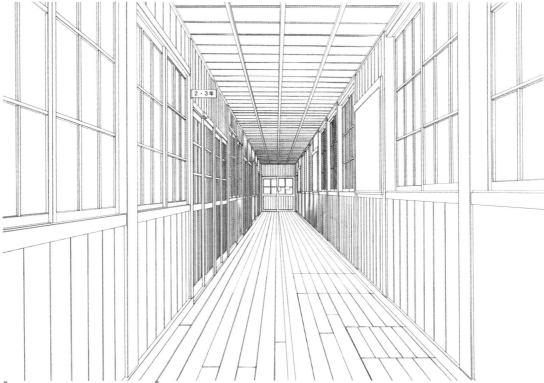

▶ S6_bunko_07.psd　　▶ S6_bunko_07A.jpg

▶ S6_bunko_07B.jpg

▶ 其他圖層的表示範例（線描圖 PSD）

▶ P6_bunko_063.jpg

▼ 線描圖 PSD 圖層

▎分校　走廊

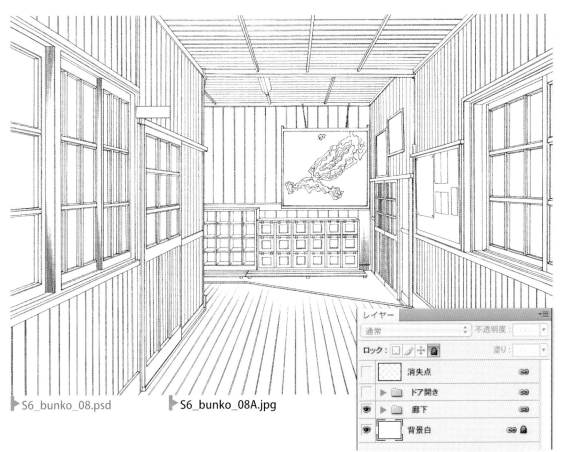

▶S6_bunko_08.psd　　▶S6_bunko_08A.jpg

レイヤー			≡
通常		＋	不透明度：
ロック： □ ✎ ✛ 🔒			塗り：
□		消失点	🔗
□	▶ 📁	ドア開き	🔗
👁	▶ 📁	廊下	🔗
👁	⬜	背景白	🔗 🔒

▲線描圖 PSD 圖層

▶S6_bunko_08B.jpg

▶其他圖層的表示範例（線描圖 PSD）

▶P6_bunko_064.jpg

▶P6_bunko_065.jpg

▶P6_bunko_066.jpg

分校 走廊

分校

走廊

▶P6_bunko_067.jpg

▶P6_bunko_068.jpg

▶P6_bunko_069.jpg

▶P6_bunko_070.jpg

▶P6_bunko_071.jpg

分校　走廊

▶P6_bunko_072.jpg

▶P6_bunko_073.jpg

▶P6_bunko_074.jpg

▶P6_bunko_075.jpg

▶P6_bunko_076.jpg

分校

走廊

分校　走廊

▶P6_bunko_077.jpg

▶P6_bunko_078.jpg

▶P6_bunko_079.jpg

▶P6_bunko_080.jpg

▶P6_bunko_081.jpg

分校　走廊

P6_bunko_082.jpg

P6_bunko_083.jpg

P6_bunko_084.jpg

P6_bunko_085.jpg

P6_bunko_086.jpg

P6_bunko_087.jpg

P6_bunko_088.jpg

P6_bunko_089.jpg

分校

走廊

分校 樓梯間

▶S6_bunko_09.psd　▶S6_bunko_09A.jpg

▶S6_bunko_09B.jpg

▶其他圖層的表示範例（線描圖 PSD）

▼線描圖 PSD 圖層

レイヤー		
通常	不透明度：	
ロック：	塗り：	
	アイライン	
▶	キャラクター	
👁 ▶	階段	
👁	背景白	

▶P6_bunko_090.jpg

▶P6_bunko_091.jpg

分校

樓梯間

分校　樓梯間

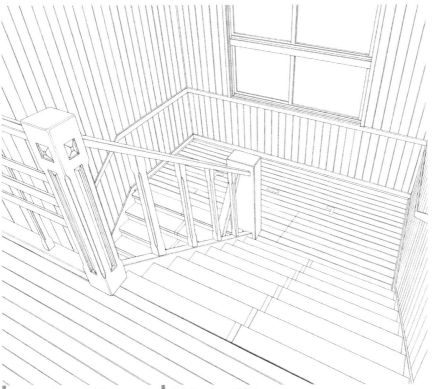

▶S6_bunko_10.psd　　　▶S6_bunko_10A.jpg

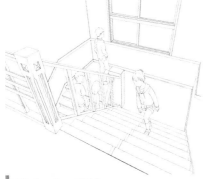

▶S6_bunko_10B.jpg

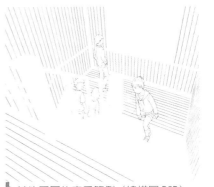

▶其他圖層的表示範例（線描圖PSD）

▶P6_bunko_92.jpg

▼線描圖PSD　圖層

分校　樓梯間

▶P6_bunko_093.jpg

▶P6_bunko_094.jpg

▶P6_bunko_095.jpg

▶P6_bunko_096.jpg

▶P6_bunko_097.jpg

▶P6_bunko_098.jpg

▶P6_bunko_099.jpg

▶P6_bunko_100.jpg

分校　樓梯間

▶ P6_bunko_101.jpg

▶ P6_bunko_102.jpg

▶ P6_bunko_103.jpg

▶ P6_bunko_104.jpg

▶ P6_bunko_105.jpg

分校　樓梯間

分校

樓梯間

P6_bunko_106.jpg

P6_bunko_107.jpg

P6_bunko_108.jpg

P6_bunko_109.jpg

P6_bunko_110.jpg

P6_bunko_111.jpg

P6_bunko_112.jpg

P6_bunko_113.jpg

P6_bunko_114.jpg

小物 之二

P7_komo_011.jpg

P7_komo_012.jpg

P7_komo_013.jpg

P7_komo_014.jpg

P7_komo_015.jpg

P7_komo_016.jpg

P7_komo_017.jpg

P7_komo_018.jpg

P7_komo_019.jpg

P7_komo_020.jpg

P7_komo_021.jpg

P7_komo_022.jpg

小物

之二

PROFILE

ARMZ

『痒いところに手が届く孫の手背景集 ARMZ』
適用於圓筆描繪的線條稿、影像圖層、
點陣圖等各種模式的背景集。在創作
漫畫時非常實用,也可應用於插畫、
遊戲、動畫之中,使用方法取決於您
的創意。從同人作家到專業繪師,皆
可使用。現在正發行第16集的背景集。
新作品也如火如荼製作中!也接受客
製化的背景製作訂單。歡迎您前來參
觀指教。

E-mail: armz@armz.biz
HP: http://armz.biz/

協助攝影單位

神戶學院大學
港灣人工島校區

東京薬科大学

周南市四熊小學

山口縣櫻之丘高等學校

周南市德山小學

天主教德山教會

另外也非常感謝其他多所給予協助的學校

TITLE

設計應用素材集 校園篇

STAFF		ORIGINAL JAPANESE EDITION STAFF	
出版	瑞昇文化事業股份有限公司	作画	アームストロング(日本人)
作者	ARMZ		肉森
譯者	徐亞嵐		河野水軍
總編輯	郭湘齡	作画協力	中林　圭
責任編輯	王瓊苹		文月十五
文字編輯	林修敏　黃雅琳		岩佐祥史
美術編輯	謝彥如		
排版	曾兆珩	キャラクター作画	文月十五
製版	明宏彩色照相製版股份有限公司		中澤泉汰
印刷	桂林彩色印刷股份有限公司		冬織透真
法律顧問	經兆國際法律事務所　黃沛聲律師		
		デジタル処理	文月十五
戶名	瑞昇文化事業股份有限公司	画像処理	岩佐祥史
劃撥帳號	19598343	(エフェクト)	
地址	新北市中和區景平路464巷2弄1-4號		
電話	(02)2945-3191	カラーイラスト	肉森
傳真	(02)2945-3190		
網址	www.rising-books.com.tw	撮影	アームストロング(日本人)
Mail	resing@ms34.hinet.net		肉森
		撮影協力	飯渕佑
初版日期	2013年9月		ＭＡＳＡ
定價	600元	監修	アームストロング(日本人)

國家圖書館出版品預行編目資料

設計應用素材集. 校園篇 ／Armz作;徐亞嵐譯.
-- 初版. -- 新北市:瑞昇文化,2013.09
184面;18.2x25.7 公分
ISBN 978-986-5957-87-2
(平裝附數位影音光碟)

1.電腦繪圖 2.工藝美術

312.86　　　　　　　　　102016566